Marchesani
# SKATEBOARD PRACTICE

## Multiplication     Division

authors

Peggy McLean
Mary Laycock

Our special thanks:

Diane McLean
Matthew Laycock

Robin Carpenter
Jim Crupi
Brian Barisione
Ken Taylor
Anna Maly

This sequence of multiplication and division activities is designed to be used with Cuisenaire® rods and base ten blocks. It will provide a concrete foundation for understanding the operations of multiplication and division. Learning will be more lasting because the student has proceeded from the concrete to the representational and finally to the abstract.

The pages are meant to supplement any good textbook that presents multiplication and division. We have tested all of the pages with students.

Peggy McLean
Mary Laycock

"The name Cuisenaire® and the color sequence of the Cuisenaire rods, squares, and cubes are trademarks of the Cuisenaire Company of America, Inc., and is used with their permission."

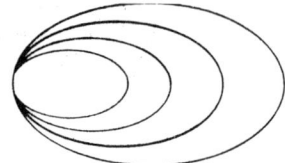

Copyright © 1980
by Activity Resources Company, Inc.
P.O. Box 4875
Hayward, California 94540

Permission is given to individual teachers to reproduce any part of this book for classroom use. All other reproduction rights remain with the publisher.

# Multiplication and Division

Build piles for X
   Break up into piles for ÷

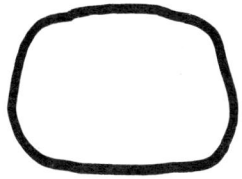 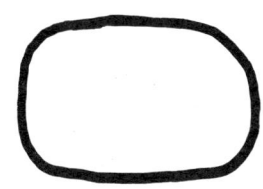 

4 x 3 =            18 ÷ 3 =
3 x 3 =     12 ÷ 3 =
5 x 3 =             9 ÷ 3 =

8 ÷ 4 =             3 x 4 =
16 ÷ 4 =            5 x 4 =
4 ÷ 4 =             4 x 4 =
20 ÷ 4 =            1 x 4 =
12 ÷ 4 =            2 x 4 =

# MULTIPLICATION AND DIVISION

Build and count piles. Draw a line to match the × and ÷ pairs.

12 × 3 is
and
36 ÷ 3 is

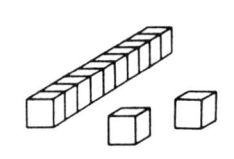
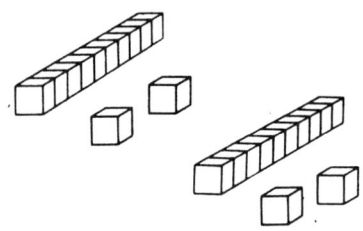

23 × 3 =           84 ÷ 2 =

82 ÷ 2 =           22 × 4 =

99 ÷ 3 =           33 × 3 =

32 × 3 =           96 ÷ 3 =

34 × 2 =           68 ÷ 2 =

88 ÷ 4 =           41 × 2 =

42 × 2 =           69 ÷ 3 =

# MULTIPLICATION AND DIVISION

Build and count piles. Draw a line to match the × and ÷ pairs.

121 × 2 is
and
242 ÷ 2 is

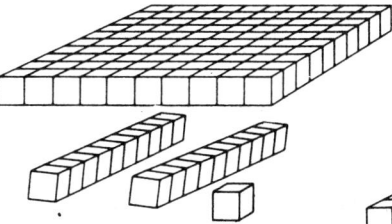 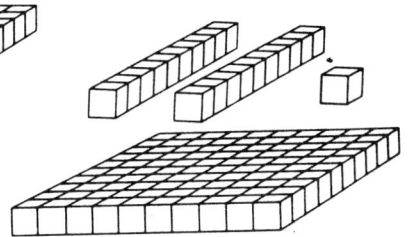

| | |
|---|---|
| 213 × 3 = | 342 × 2 = |
| 684 ÷ 2 = | 639 ÷ 3 = |
| 404 ÷ 4 = | 121 × 4 = |
| 484 ÷ 4 = | 448 ÷ 4 = |
| 112 × 4 = | 101 × 4 = |
| 1,241 × 2 = | 2,482 ÷ 2 = |
| 3,906 ÷ 3 = | 2,484 ÷ 2 = |
| 1,242 × 2 = | 1,302 × 3 = |

# MULTIPLICATION AND DIVISION

## Directions for Pattern Chart

←Put rods on like this

1. Choose one color rod, such as 3. Put a three rod on the metre stick and color in 3 on the 100 chart.

2. Put on another three rod and color in 6.

3. Continue adding rods and coloring until the metre stick is covered and all multiples have been colored.

| 1 | 2 | 3 | 4 | 5 | 6 | 7 | 8 | 9 | 10 |
|---|---|---|---|---|---|---|---|---|---|
| 11 | 12 | 13 | 14 | 15 | 16 | 17 | 18 | 19 | 20 |
| 21 | 22 | 23 | 24 | 25 | 26 | 27 | 28 | 29 | 30 |
| 31 | 32 | 33 | 34 | 35 | 36 | 37 | 38 | 39 | 40 |
| 41 | 42 | 43 | 44 | 45 | 46 | 47 | 48 | 49 | 50 |
| 51 | 52 | 53 | 54 | 55 | 56 | 57 | 58 | 59 | 60 |

---

## Directions for Metre Stick "Rod" Race

**Materials:** Cuisenaire rods, metre stick, game sheet, and one die (label) 3 4 5 6 7 8

**Procedure:** Two players roll for highest number to see who goes first.

Each player must multiply or divide by the number rolled on the die and prove it with rods on the metre stick.

For example: 36 ÷ 2 would be done like this: How many 2's in 36?

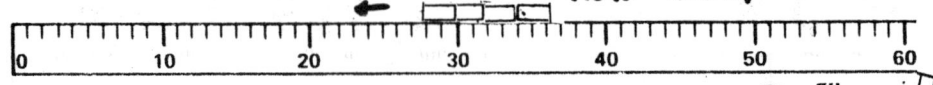

Player with the largest answer WINS the round. WINNER is the player who wins the most rounds.

6

© ACTIVITY RESOURCES COMPANY, INC., Box 4875, Hayward, CA 94545

MULTIPLICATION AND DIVISION

The Pattern Of _____

Done By: _____

| 1 | 2 | 3 | 4 | 5 | 6 | 7 | 8 | 9 | 10 |
|---|---|---|---|---|---|---|---|---|---|
| 11 | 12 | 13 | 14 | 15 | 16 | 17 | 18 | 19 | 20 |
| 21 | 22 | 23 | 24 | 25 | 26 | 27 | 28 | 29 | 30 |
| 31 | 32 | 33 | 34 | 35 | 36 | 37 | 38 | 39 | 40 |
| 41 | 42 | 43 | 44 | 45 | 46 | 47 | 48 | 49 | 50 |
| 51 | 52 | 53 | 54 | 55 | 56 | 57 | 58 | 59 | 60 |
| 61 | 62 | 63 | 64 | 65 | 66 | 67 | 68 | 69 | 70 |
| 71 | 72 | 73 | 74 | 75 | 76 | 77 | 78 | 79 | 80 |
| 81 | 82 | 83 | 84 | 85 | 86 | 87 | 88 | 89 | 90 |
| 91 | 92 | 93 | 94 | 95 | 96 | 97 | 98 | 99 | 100 |

There are \_\_\_\_\_ \_\_\_\_\_'s in 100.

# Game Sheet

## Metre Stick "Rod" Race

Player A _____ | Player B _____

| Player A | | Player B |
|---|---|---|
| 5 × ___ = ___ ☐ | ☐ | 5 × ___ = ___ |
| 50 ÷ ___ = ___ ☐ | ☐ | 50 ÷ ___ = ___ |
| 7 × ___ = ___ ☐ | ☐ | 7 × ___ = ___ |
| 75 ÷ ___ = ___ ☐ | ☐ | 75 ÷ ___ = ___ |
| 6 × ___ = ___ ☐ | ☐ | 6 × ___ = ___ |
| 36 ÷ ___ = ___ ☐ | ☐ | 36 ÷ ___ = ___ |
| 12 × ___ = ___ ☐ | ☐ | 12 × ___ = ___ |
| 84 ÷ ___ = ___ ☐ | ☐ | 84 ÷ ___ = ___ |
| 8 × ___ = ___ ☐ | ☐ | 8 × ___ = ___ |
| 63 ÷ ___ = ___ ☐ | ☐ | 63 ÷ ___ = ___ |

Winner! Winner!

# MULTIPLICATION AND DIVISION
## Two Of A Kind
Cover with 2 rods. Color. Record.

__ x 2 = __
__ ÷ 2 = __

__ x __ = __
__ ÷ __ = __

__ x __ = __
__ ÷ __ = __

__ x __ = __
__ ÷ __ = __

__ x __ = __
__ ÷ __ = __

__ x __ = __
__ ÷ __ = __

__ x __ = __
__ ÷ __ = __

__ x __ = __
__ ÷ __ = __

__ x __ = __
__ ÷ __ = __

__ x __ = __
__ ÷ __ = __

# MULTIPLICATION AND DIVISION
## Three Of A Kind

Cover with 3 rods. Color. Record.

__ × 3 = __
__ ÷ 3 = __
__ × __ = __
__ ÷ __ = __

__ × __ = __
__ ÷ __ = __
__ × __ = __
__ ÷ __ = __

__ × __ = __
__ ÷ __ = __
__ × __ = __
__ ÷ __ = __

__ × __ = __
__ ÷ __ = __
__ × __ = __
__ ÷ __ = __

__ × __ = __
__ ÷ __ = __
__ × __ = __
__ ÷ __ = __

© ACTIVITY RESOURCES COMPANY, INC., Box 4875, Hayward, CA 94545

# MULTIPLICATION AND DIVISION
Four Of A Kind
Cover with 4 rods. Color. Record.

__ × 4 = __
__ ÷ 4 = __

__ × __ = __
__ ÷ __ = __

__ × __ = __
__ ÷ __ = __

__ × __ = __
__ ÷ __ = __

__ × __ = __
__ ÷ __ = __

__ × __ = __
__ ÷ __ = __

__ × __ = __
__ ÷ __ = __

__ × __ = __
__ ÷ __ = __

11

# Multiplication and Division

## Four Of A Kind

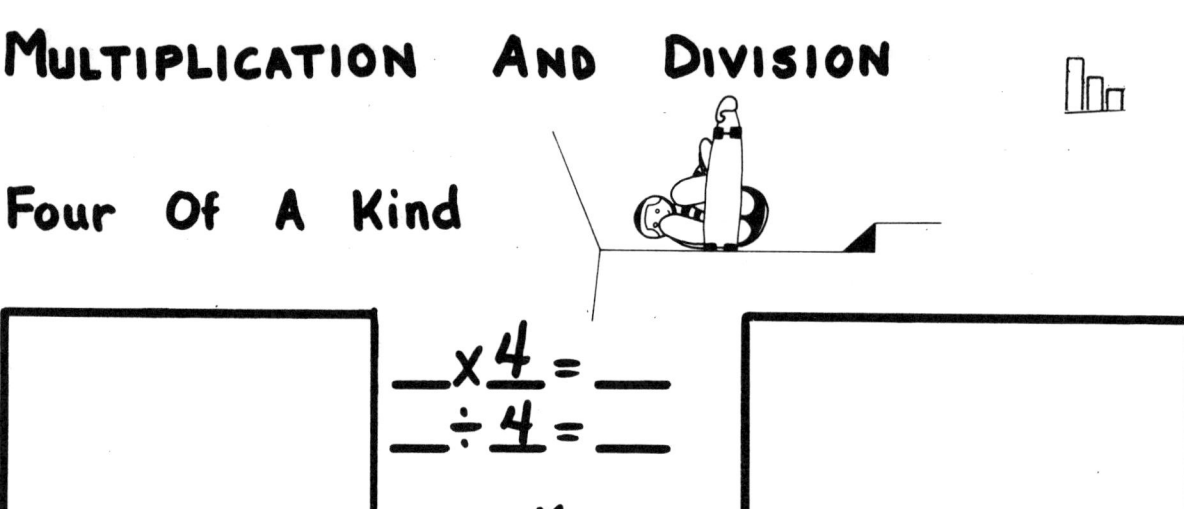

__ × 4 = __
__ ÷ 4 = __

__ × __ = __
__ ÷ __ = __

## Five Of A Kind
Cover with 5 rods. Color. Record.

__ × 5 = __
__ ÷ 5 = __

__ × __ = __
__ ÷ __ = __

__ × __ = __
__ ÷ __ = __

__ × __ = __
__ ÷ __ = __

# Multiplication And Division
## Five Of A Kind
Cover with 5 rods. Color. Record.

___ × 5 = ___
___ ÷ 5 = ___

___ × ___ = ___
___ ÷ ___ = ___

___ × ___ = ___
___ ÷ ___ = ___

___ × ___ = ___
___ ÷ ___ = ___

___ × ___ = ___
___ ÷ ___ = ___

___ × ___ = ___
___ ÷ ___ = ___

13

GAME SHEET

# TOSS-AN-ARRAY

Rules:
1. Toss two dice. Build the array with rods.
2. Color the array on the game grid.
   (If the whole array will not fit you can separate the pieces, OR lose your turn.)
3. To WIN you must completely fill the grid AND record how you filled the grid.

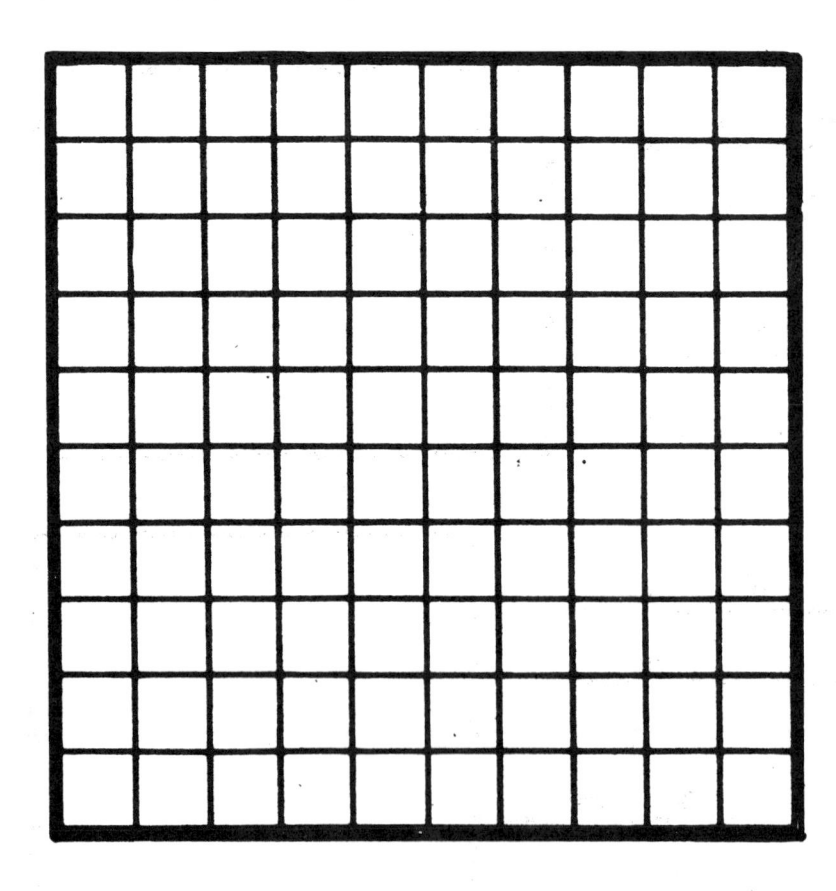

How many rods?

___ × 6 = ___
___ × 5 = ___
___ × 4 = ___
___ × 3 = ___
___ × 2 = ___
___ × 1 = ___

# MULTIPLICATION

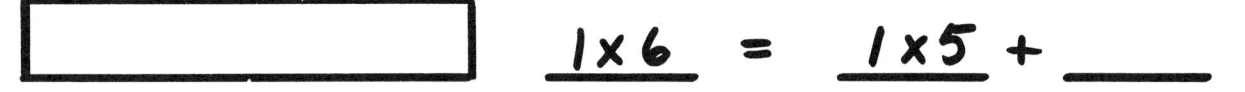

Cover each shape with rods of two colors.
Use yellow rods first.    Yellow

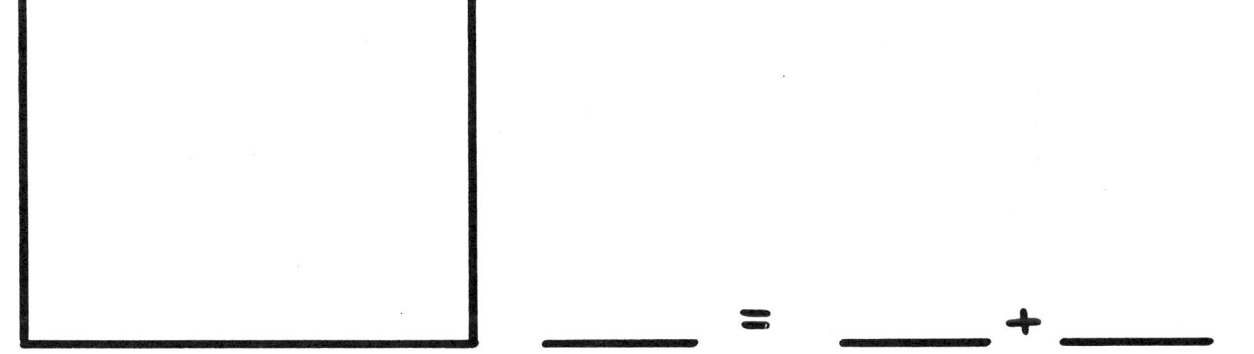

1 × 6 = 1 × 5 + ____

____ = ____ + ____

____ = ____ + ____

____ = ____ + ____

____ = ____ + ____

15

# Multiplication

Cover each shape with rods of one color. Label.

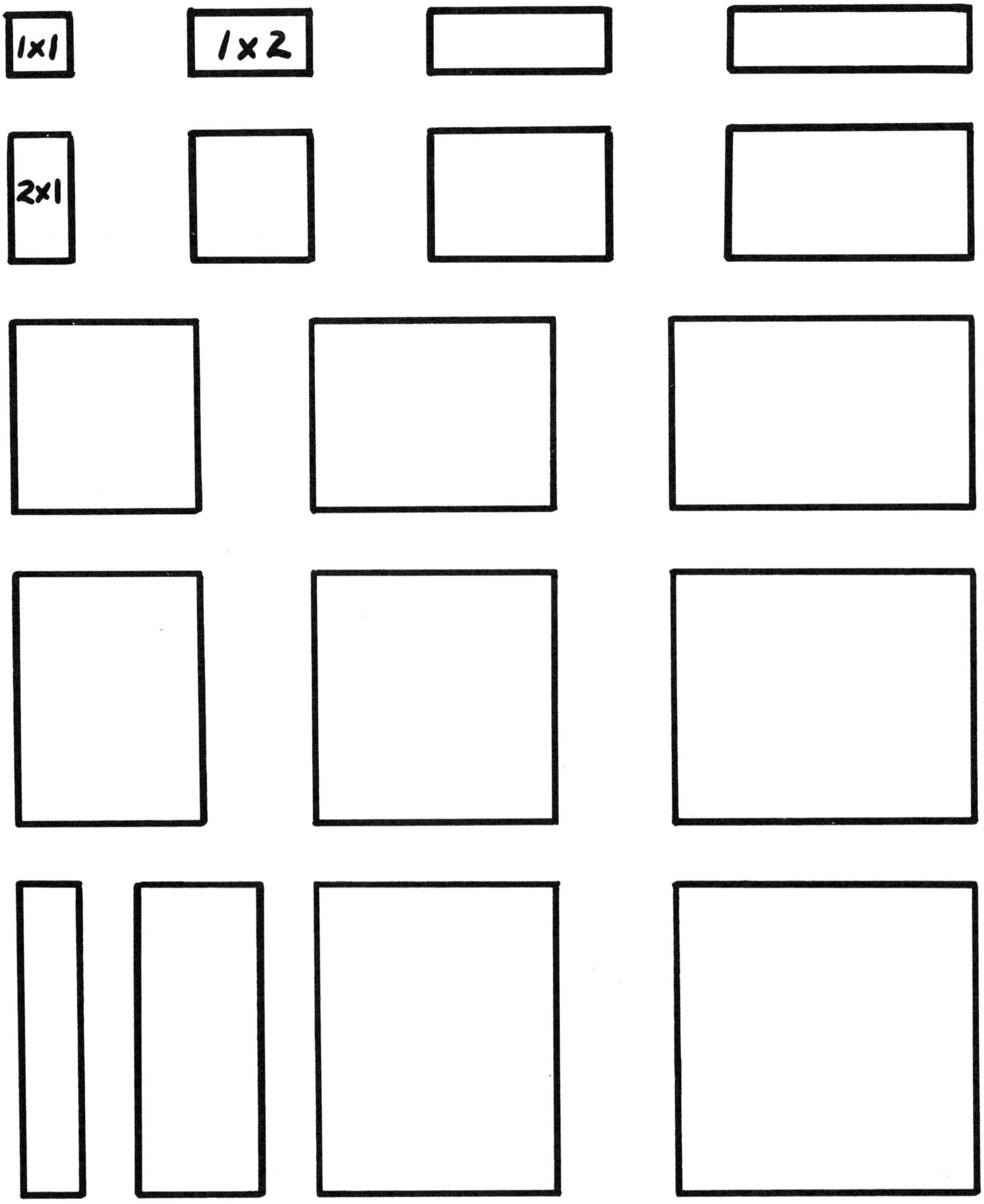

 1×1   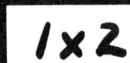 1×2

 2×1

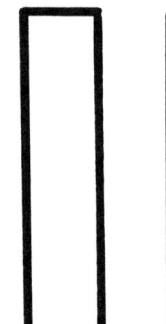 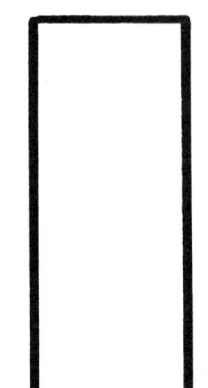 

16

# MULTIPLICATION

Cover each shape with rods of two colors.
Use yellow rods first      Yellow

1x ___ = 1x5 + ___

___ = ___ + ___

___ = ___ + ___

___ = ___ + ___

___ = ___ + ___

17

# Multiplication

Cover each shape with rods of two colors.

Use yellow rods first          Yellow Rods

[rectangle]          1X ___ = 1 x 5 + ___

[rectangle]

___ = ___ + ___

[rectangle]

___ = ___ + ___

[rectangle]

___ = ___ + ___

[rectangle]

___ = ___ + ___

18

# MULTIPLICATION
## Secret Of Nines

Think tens. Color in what you must subtract for nines.

$1 \times 10 = 10$
$1 \times 9 = 10 - 1 = \square$

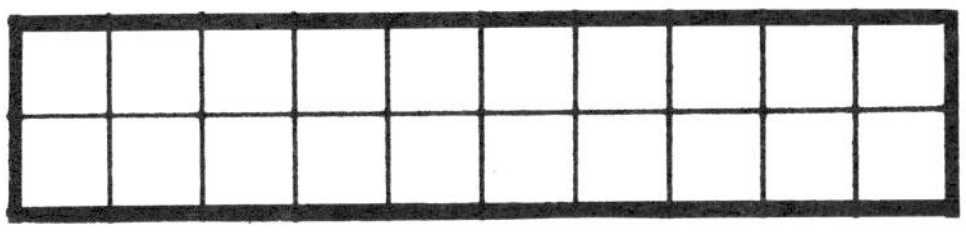

$2 \times 10 = \underline{\phantom{xx}}$
$2 \times 9 = \underline{\phantom{xx}} - \underline{\phantom{xx}} = \square$

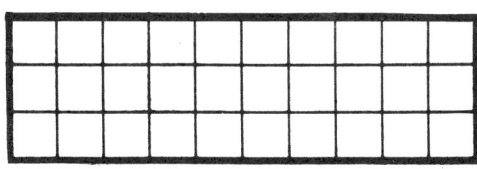

$\underline{\phantom{xx}} \times \underline{\phantom{xx}} = \underline{\phantom{xx}}$
$\underline{\phantom{xx}} \times \underline{\phantom{xx}} = \underline{\phantom{xx}} - \underline{\phantom{xx}} = \square$

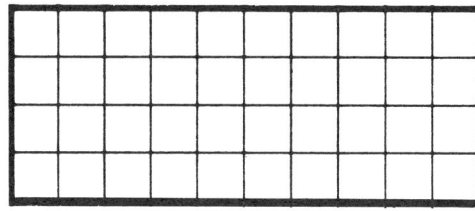

$\underline{\phantom{xx}} \times \underline{\phantom{xx}} = \underline{\phantom{xx}}$
$\underline{\phantom{xx}} \times \underline{\phantom{xx}} = \underline{\phantom{xx}} - \underline{\phantom{xx}} = \square$

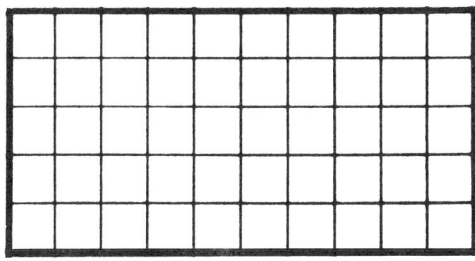

$\underline{\phantom{xx}} \times \underline{\phantom{xx}} = \underline{\phantom{xx}}$
$\underline{\phantom{xx}} \times \underline{\phantom{xx}} = \underline{\phantom{xx}} - \underline{\phantom{xx}} = \square$

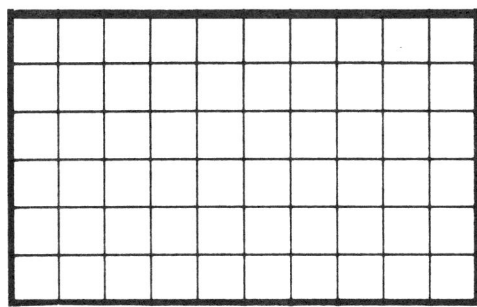

$\underline{\phantom{xx}} \times \underline{\phantom{xx}} = \underline{\phantom{xx}}$
$\underline{\phantom{xx}} \times \underline{\phantom{xx}} = \underline{\phantom{xx}} - \underline{\phantom{xx}} = \square$

# MULTIPLICATION
## Secret Of Nines

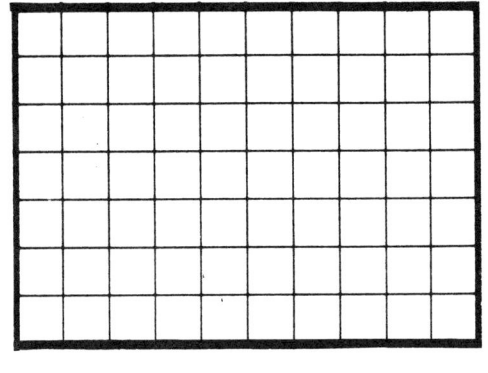

__ × __ = __
__ × __ = __ - __ = ☐

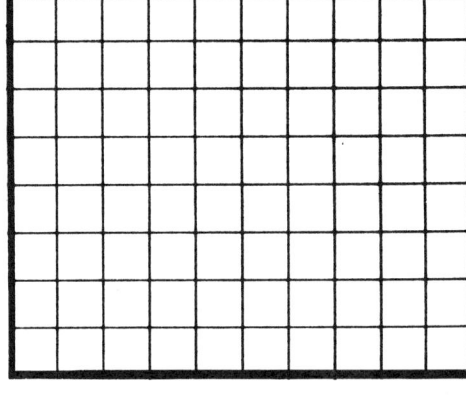

__ × __ = __
__ × __ = __ - __ = ☐

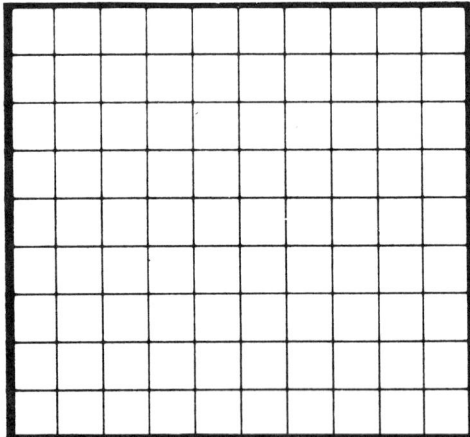

__ × __ = __
__ × __ = __ - __ = ☐

To find the "Secret" add the digits in each ☐.

What is the "Secret"? _____

_____

20

# MULTIPLICATION
## Naming Big Arrays

Think 25, add yellow rods, fill the corner with units.

[Array diagram: Do not cover = 25]

6 X 6 = ____

25 + ____ + ____ = ____
     Yellow  Units
     Rods

[Array diagram: 25]

6 X ____ = ____

____ + ____ + ____ = ____
     Yellow  Units
     Rods

[Array diagram: 25]

____ X ____ = ____

____ + ____ + ____ = ____
     Yellow  Units
     Rods

# MULTIPLICATION

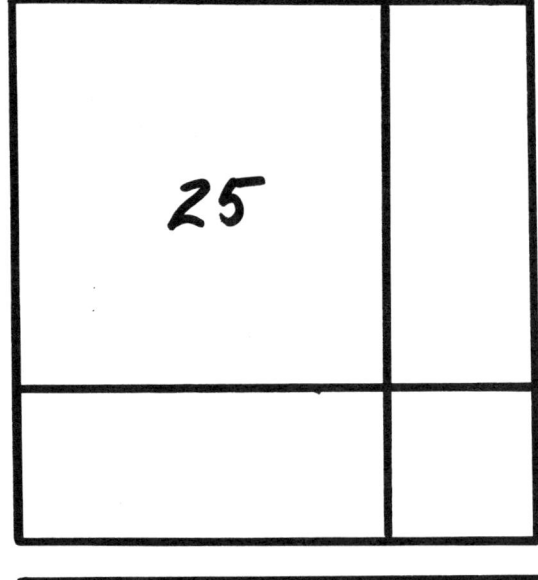

**Naming Big Arrays**

Think 25, add yellow rods, fill the corner with units.

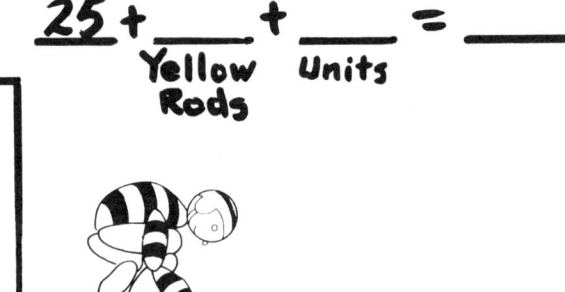

___ X ___ = _____

<u>25</u> + ____ + ____ = _____
       Yellow  Units
       Rods

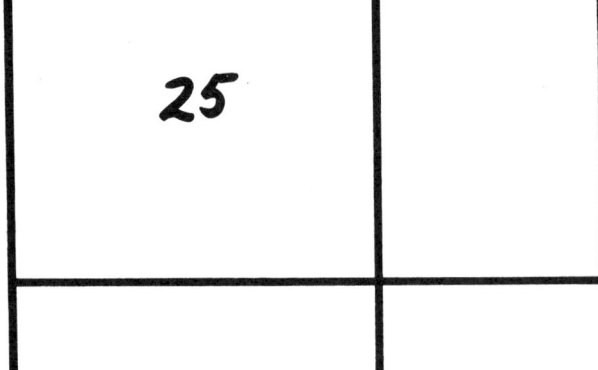

___ X ___ = _____

____ + ____ + ____ = _____
 Yellow  Units
 Rods

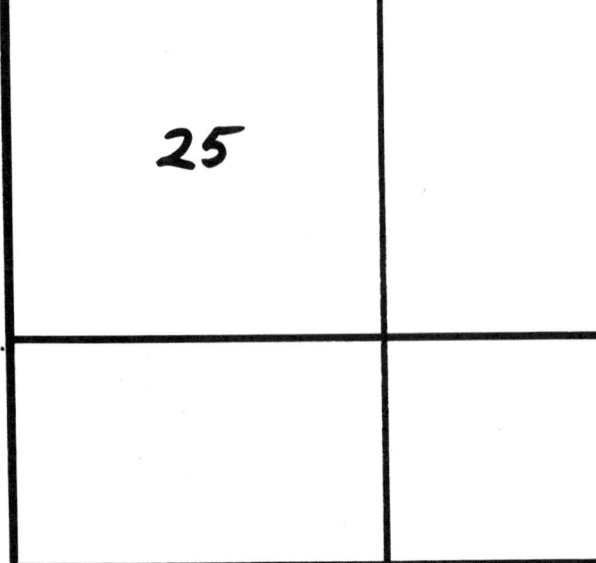

___ X ___ = _____

____ + ____ + ____ = _____
 Yellow  Units
 Rods

22

# DIVISION

Cover with rods of one color.
Do it two different ways.  Record.

| 12 | 12 ÷ _3_ = ___<br>12 ÷ _4_ = ___ | 16 | 16 ÷ ___ = ___<br>16 ÷ ___ = ___ |

| 18 | 18 ÷ ___ = ___<br>18 ÷ ___ = ___ | 24 | 24 ÷ ___ = ___<br>24 ÷ ___ = ___ |

| 21 | 21 ÷ ___ = ___<br>21 ÷ ___ = ___ | 28 | 28 ÷ ___ = ___<br>28 ÷ ___ = ___ |

# DIVISION

Cover with rods of one color.
Do it two different ways. Record.

32

32 ÷ ___ = ___
32 ÷ ___ = ___

27

48

48 ÷ ___ = ___
48 ÷ ___ = ___

27 ÷ ___ ___
27 ÷ ___ ___

42 ÷ ___ ___
42 ÷ ___ ___

42

36 ÷ ___ = ___
36 ÷ ___ = ___

36

24

# DIVISION

Cover with rods of one color.
Do it two different ways. Record.

```
┌─────────────┐    ┌─────────────────┐
│             │    │                 │
│     49      │    │       56        │
│             │    │                 │
└─────────────┘    └─────────────────┘
```

49 ÷ __ = __         56 ÷ __ = __
49 ÷ __ = __         56 ÷ __ = __

```
┌─────────┐        ┌─────────────┐
│         │        │             │
│         │        │             │
│   54    │        │     64      │
│         │        │             │
│         │        │             │
└─────────┘        └─────────────┘
```

                                    64 ÷ __ = __
54 ÷ __ = __                   64 ÷ __ = __
54 ÷ __ = __

25

# MULTIPLICATION AND DIVISION
Cover with longs and units. Record.

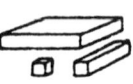

___ X ___ = ___        ___ ÷ ___ = ___
___ X ___ = ___        ___ ÷ ___ = ___


___ ÷ ___ = ___        ___ X ___ = ___
___ ÷ ___ = ___        ___ X ___ = ___


___ X ___ = ___        ___ ÷ ___ = ___
___ ÷ ___ = ___        ___ X ___ = ___

# MULTIPLICATION AND DIVISION

Build each problem. Use division to check.

1. 7 × 13 = (7 × ___) + (7 × ___)
   ___ + ___ = ___

   7⟌___   or   ___ ÷ ___ = ___

2. 7 × 23 = (7 × ___) + (7 × ___)
   ___ + ___ = ___

   7⟌___   or   ___ ÷ ___ = ___

3. 7 × 32 = (7 × ___) + (7 × ___)
   ___ + ___ = ___

   7⟌___   or   ___ ÷ ___ = ___

4. 6 × 34 = (6 × ___) + (6 × ___)
   ___ + ___ = ___

   6⟌___   or   ___ ÷ ___ = ___

27

# MULTIPLICATION AND DIVISION
Cover with longs and units. Record.

```
┌─────────────────────────────────────────┐
│                                         │
│                                         │
└─────────────────────────────────────────┘
```

2 × ___ = (2 × 10) + (2 × ___)

___ + ___ = ___

___ ÷ ___ = ___     OR     2⟌‾‾‾‾

```
┌─────────────────────────────────────────┐
│                                         │
│                                         │
└─────────────────────────────────────────┘
```

3 × ___ = (3 × ___) + (3 × ___)

___ + ___ = ___

___ ÷ ___ = ___     OR     3⟌‾‾‾‾

```
┌─────────────────────────────────────────┐
│                                         │
│                                         │
└─────────────────────────────────────────┘
```

___ × ___ = (___ × ___) + (___ × ___)

___ + ___ = ___

___ ÷ ___ = ___     OR     ⟌‾‾‾‾

# MULTIPLICATION
## Learn the Algorithm

```
   1 4
 ×   3
 ─────
   1 2    □  ↑ Pick up all units. Trade. Record.
 + 3 0    ▱  ↖ Pick up all longs. Trade. Record.
 ─────
   4 2       Add partial products.   Record.
```

```
   4 1
 ×
 ─────
                □  ↑ Pick up all units. Trade. Record.
 +_____       ▱  ↖ Pick up all longs. Trade. Record.
                   Add partial products.   Record.
```

29

# Multiplication
## Build, trade, record.

27 × 3

72 × 3

63 × 3

54 × 5

36 × 3

45 × 4

38 × 4

48 × 6

# MULTIPLICATION
Build, trade, record.

| 2 | 3 | 4 |
|---|---|---|
| × |   | 4 |

| 1 | 6 | 3 |
|---|---|---|
| × |   | 2 |

| 4 | 3 | 5 |
|---|---|---|
| × |   | 2 |

| 3 | 8 | 6 |
|---|---|---|
| × |   | 2 |

| 1 | 9 | 9 |
|---|---|---|
| × |   | 3 |

| 2 | 8 | 7 |
|---|---|---|
| × |   | 3 |

| 1 | 2 | 7 |
|---|---|---|
| × |   | 4 |

| 3 | 3 | 8 |
|---|---|---|
| × |   | 3 |

| 2 | 5 | 6 |
|---|---|---|
| × |   | 4 |

# DIVISION
## Learn the Algorithm

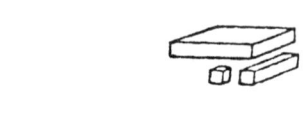
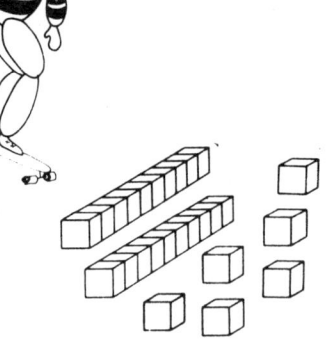

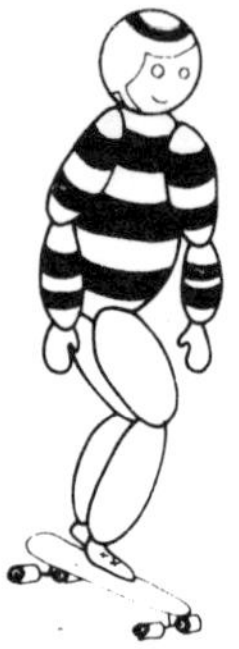

$52 \div 2 =$

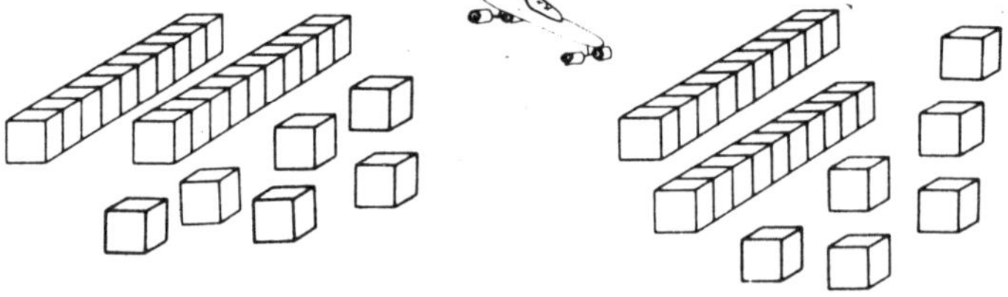

```
  2 6
2)5 2
 -4 ↓
  1 2
 -1 2
    0
```

Quotient: What is in each pile.
Pick up all longs. Divide into piles.
Record longs used.
Record longs leftover. Trade for units.
Record units used.
Remainder.

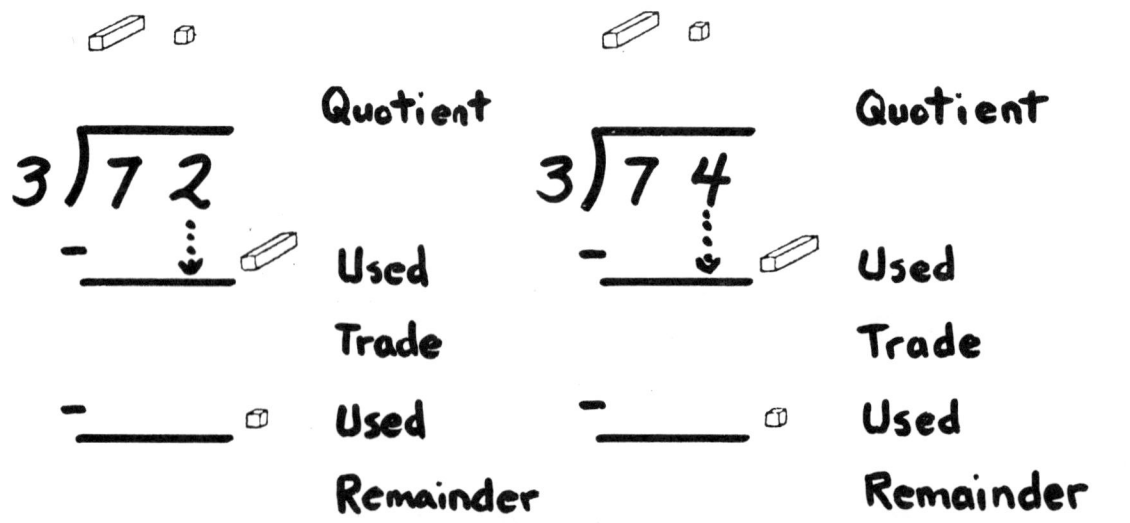

# Division and Multiplication
Divide and check each problem.

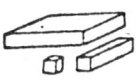

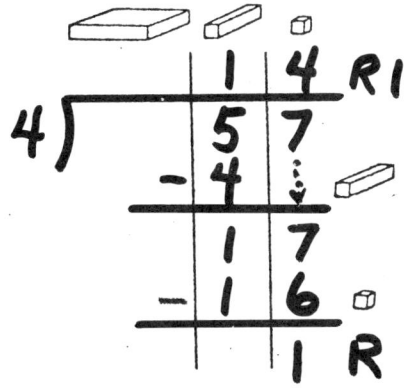

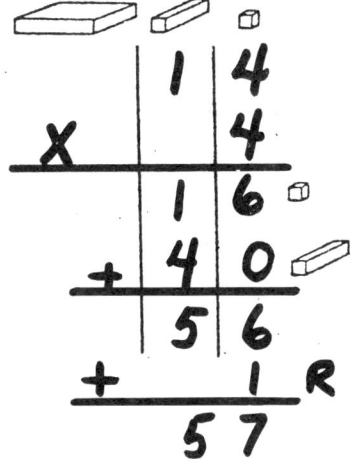

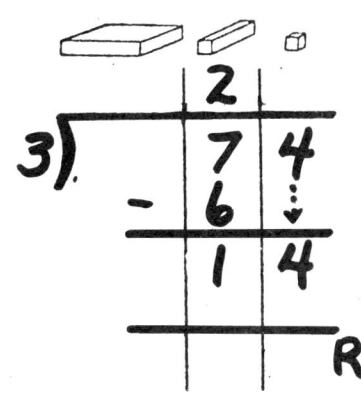

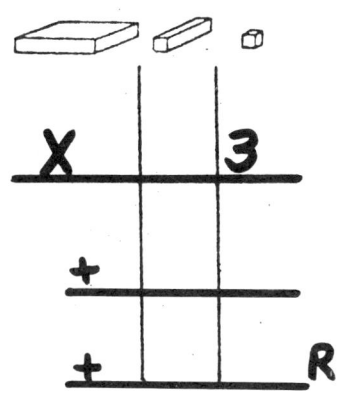

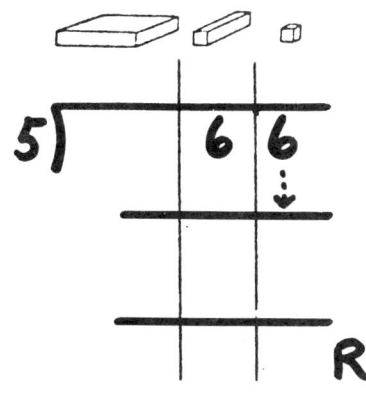

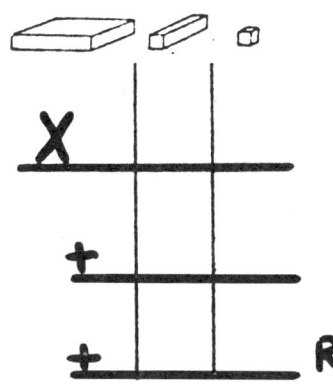

33

# Division and Multiplication
Divide and check each problem.

7) 86

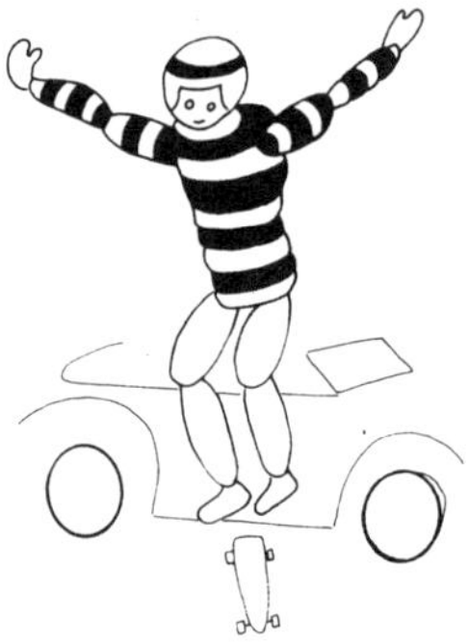

8) 97

6) 81

× 7

× 8

×

## MORE QUOTIENTS WITH ONE-DIGIT DIVISORS

PREREQUISITE: Quotients with one digit divisors (without leftovers) with blocks.

MATERIALS: Base ten blocks, pencil, and paper. As many mats as the number in the divisor.

**436 divided by 3**  Write: 3)436  Build 436
(Divvy Up)

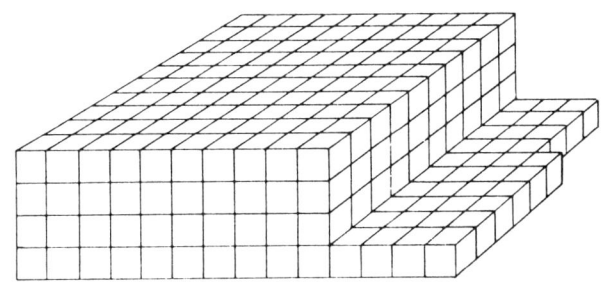

Questions:

1. Into how many piles? (3)
2. With 4 flats, how many to each pile?
3. How many flats used?
4. How many flats left?
5. One flat is 10 longs plus the 3 longs already there.
6. 13 longs into 3 piles, how many longs in each pile? (4)
7. How many longs used?
8. How many longs left?
9. One long is 10 units plus the 6 units already there.
10. 16 units into 3 piles, how many units? (5)
11. How many used?
12. How many left?
13. Write the numeral for the blocks in each pile.

```
       1 4 5
   3 )4 3 6
     -3
      1 3
     -1 2
        1 6
       -1 5
          1
```
(in each pile)

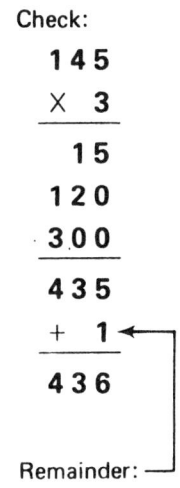

Check:
```
   145
 ×   3
   15
  120
  300
  435
 +  1
  436
```
Remainder:

145

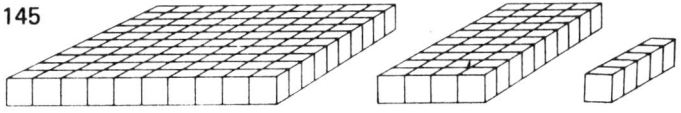

35

# DIVISION AND MULTIPLICATION
Divide and check each problem.

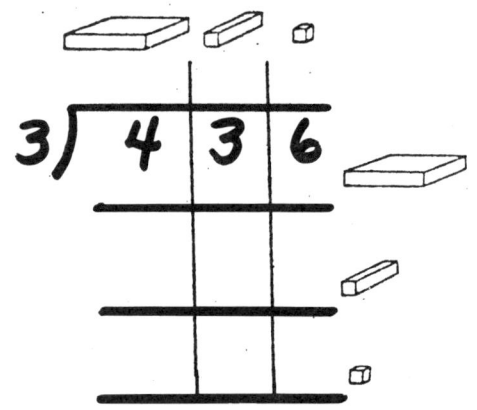

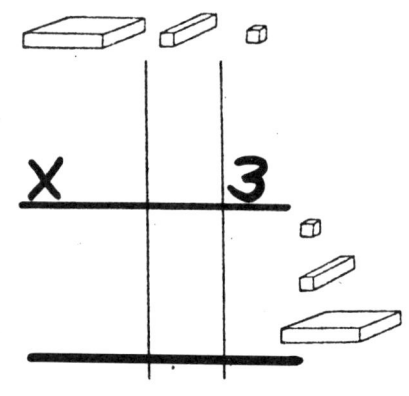

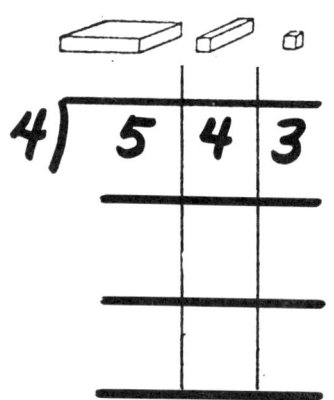

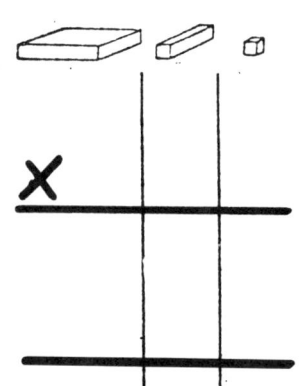

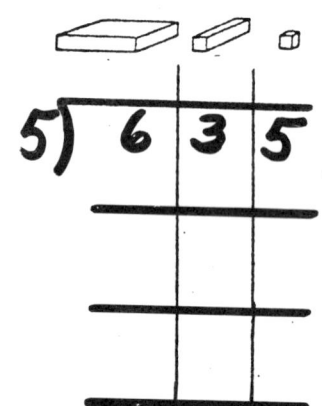

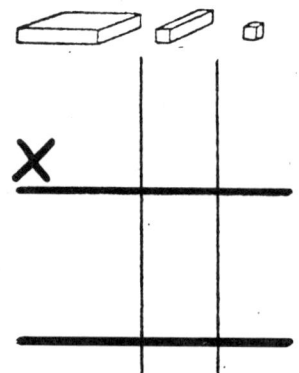

36

# DIVISION AND MULTIPLICATION
Divide and check each problem.

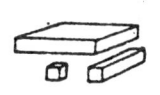

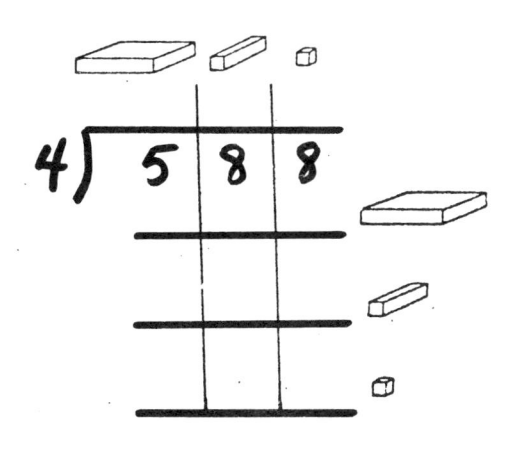

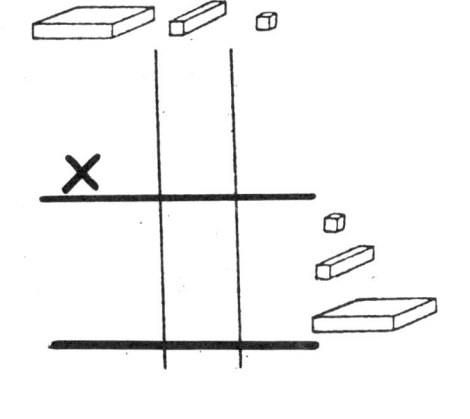

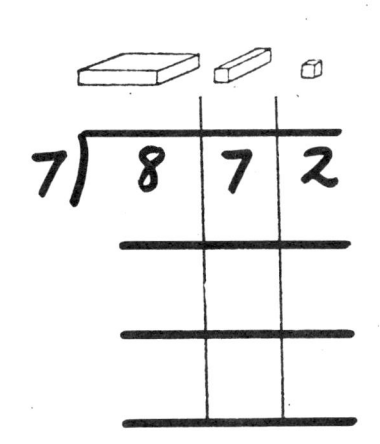

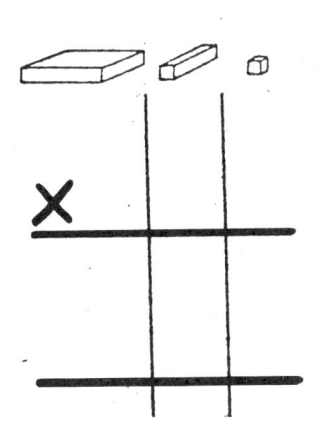

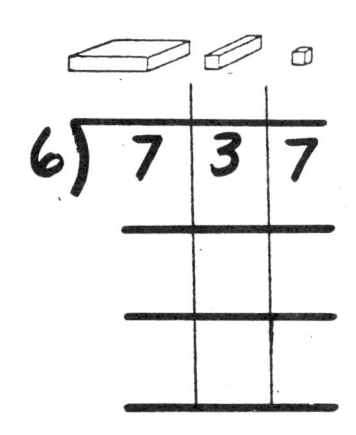

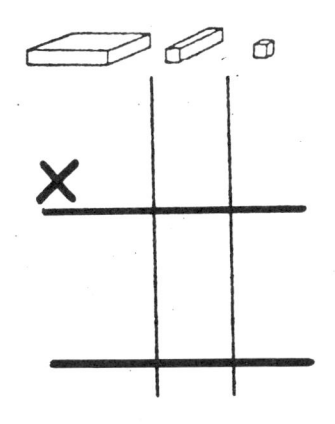

4) 588

7) 872

6) 737

37

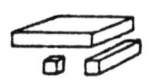

# MULTIPLICATION
Secret of Zeroes
Build and record:

8 × 10 = \_\_\_\_
9 × 10 = \_\_\_\_
10 × 10 = \_\_\_\_
11 × 10 = \_\_\_\_
14 × 10 = \_\_\_\_

The secret is: _____

---

15 × 10 = \_\_\_\_
20 × 10 = \_\_\_\_
30 × 10 = \_\_\_\_
43 × 10 = \_\_\_\_
20 × 20 = \_\_\_\_
20 × 30 = \_\_\_\_
40 × 30 = \_\_\_\_
40 × 40 = \_\_\_\_
20 × 50 = \_\_\_\_
40 × 50 = \_\_\_\_

# MULTIPLICATION
## Make it Grow

Start with **10 × 10**. Add on sides with →

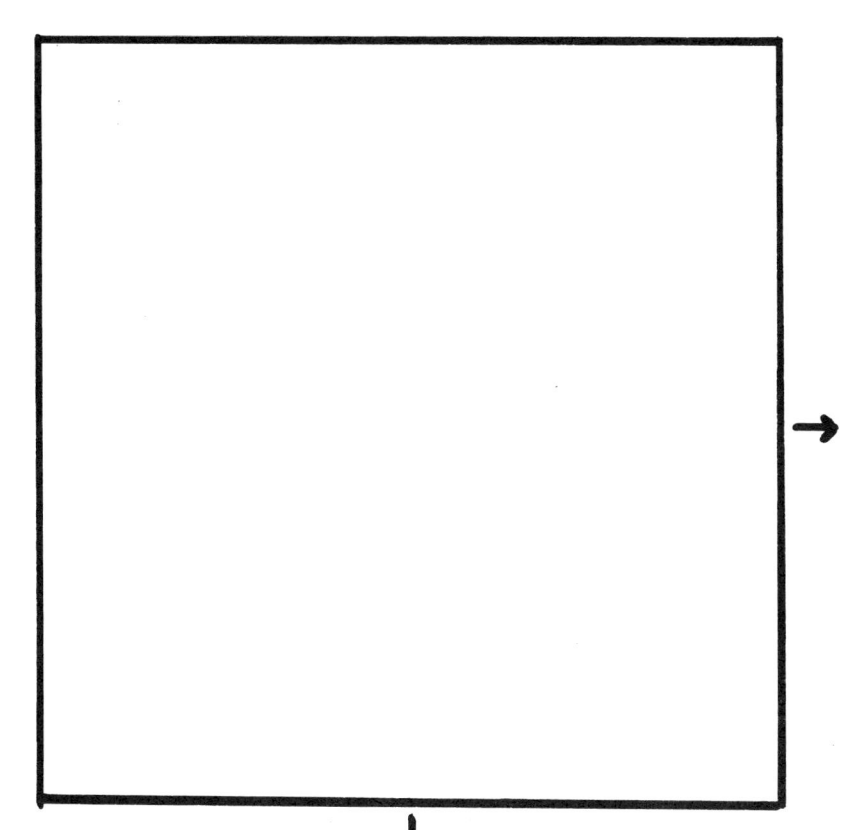

Make it grow to:          Record

11 × 11 =      _____

11 × 12 =      _____

12 × 13 =      _____

13 × 14 =      _____

14 × 15 =      _____

Can you see <u>four</u> rectangles?

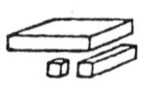

# MULTIPLICATION
## Rectangular Arrays Build Products

Use Base 10 blocks. Arrange each Product into a rectangular array. Find the factors.

|   | PRODUCT | = | FACTOR × FACTOR |
|---|---|---|---|
| 1. | 100 | = | _____ × _____ |
| 2. | 121 | = | _____ × _____ |
| 3. | 156 | = | _____ × _____ |
| 4. | 144 | = | _____ × _____ |
| 5. | 120 | = | _____ × _____ |
| 6. | 192 | = | _____ × _____ |
| 7. | 196 | = | _____ × _____ |
| 8. | 195 | = | _____ × _____ |
| 9. | 264 | = | _____ × _____ |
| 10. | 441 | = | _____ × _____ |

\* Some products require trading.

# DIVISION

## Rectangular Arrays Build Quotients And Divisors

Use Base 10 blocks. Arrange each Dividend into a rectangular array. Find the divisor or quotient.

| | DIVIDEND | | DIVISOR | | QUOTIENT |
|---|---|---|---|---|---|
| 1. | 144 | ÷ | 12 | = | _____ |
| 2. | 169 | ÷ | 13 | = | _____ |
| 3. | 182 | ÷ | _____ | = | 13 |
| 4. | 210 | ÷ | _____ | = | 14 |
| 5. | 225 | ÷ | 15 | = | _____ |
| 6. | 240 | ÷ | _____ | = | 16 |
| 7. | 240 | ÷ | _____ | = | 12 |
| 8. | 256 | ÷ | 16 | = | _____ |
| 9. | 221 | ÷ | _____ | = | 17 |
| 10. | 216 | ÷ | 18 | = | _____ |

# Division
## Rectangular Arrays Build Quotients And Divisors

Use Base 10 blocks. Find each quotient.

|  | DIVIDEND |  | DIVISOR |  | QUOTIENT |
|---|---|---|---|---|---|
| 1. | 168 | ÷ | 12 | = | _____ |
| 2. | 168 | ÷ | 14 | = | _____ |
| 3. | 168 | ÷ | 13 | = | ___ R ___ |
| 4. | 168 | ÷ | 11 | = | ___ R ___ |
| 5. | 168 | ÷ | 15 | = | ___ R ___ |
| 6. | 168 | ÷ | 16 | = | ___ R ___ |
| *7. | 168 | ÷ | 18 | = | ___ R ___ |

# MULTIPLICATION AND DIVISION
Write the × and ÷ problems for each array.

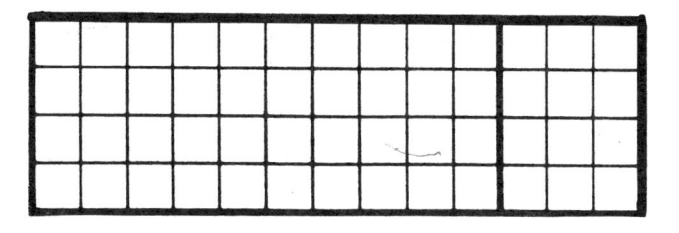

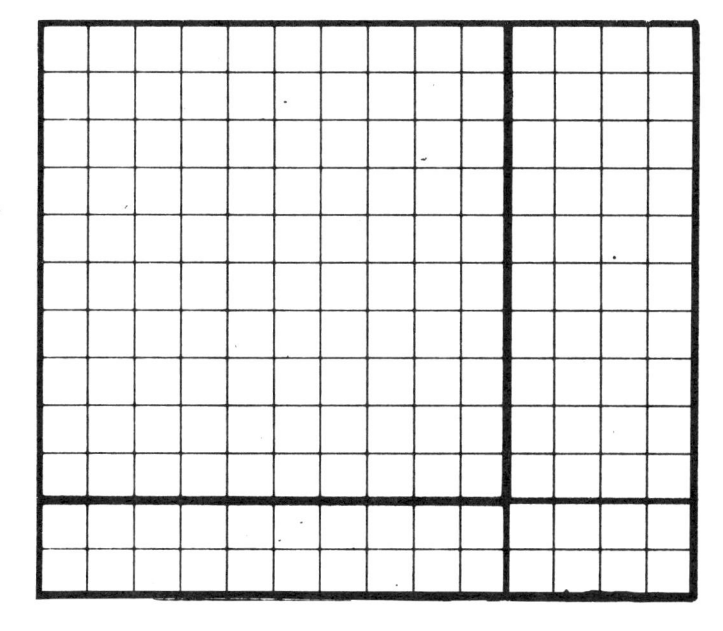

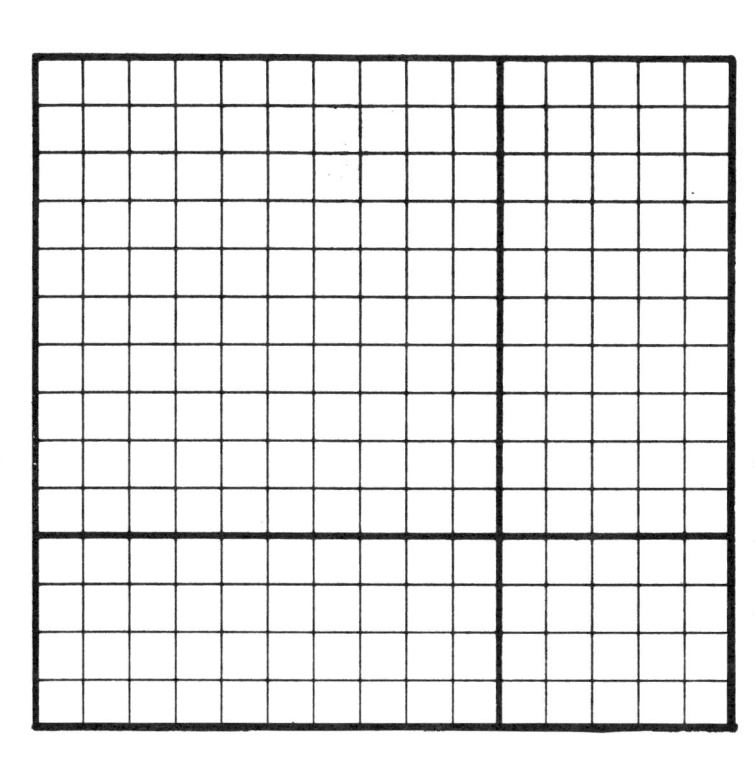

___ × ___ = ___
___ × ___ = ___
___ ÷ ___ = ___
___ ÷ ___ = ___

___ × ___ = ___
___ × ___ = ___
___ ÷ ___ = ___
___ ÷ ___ = ___

___ × ___ = ___
___ × ___ = ___
___ ÷ ___ = ___
___ ÷ ___ = ___

# GRID PAPER FOR MULTIPLICATION AND DIVISION

Cut out an array larger than 10 x 10.

Ask a classmate to write the X and ÷ problems for the array.

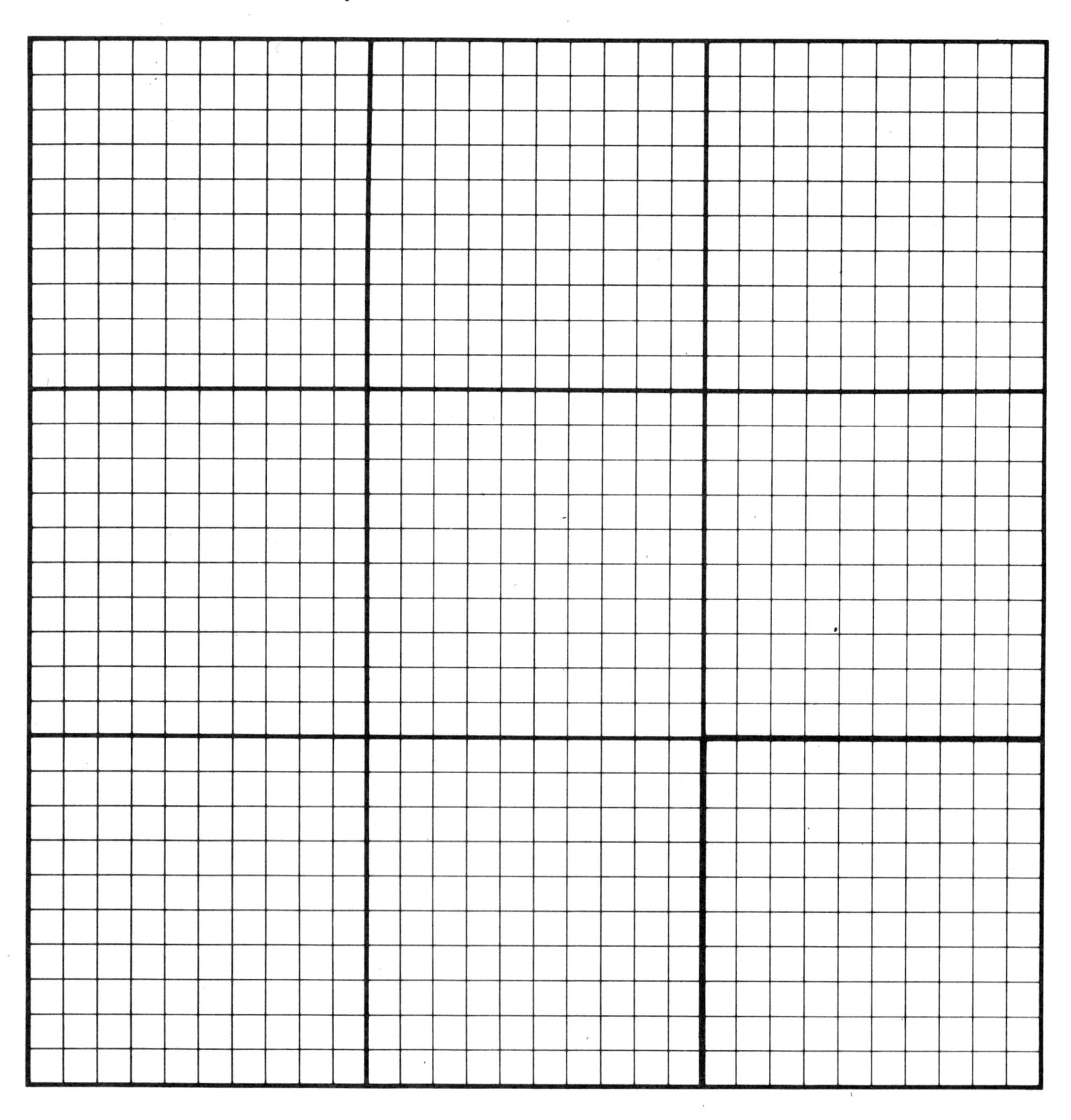

# RECTANGULAR ARRAYS BUILD PRODUCTS

PREREQUISITE: Rectangular arrays with units and Make It Grow.

MATERIALS: Base ten blocks.

PROCEDURE: The arrays are to be built with the blocks.

The power of conceptualizing multiplication as an array cannot be over emphasized. A young child thinks of three times four as:

This is naturally extended to problems like 22 X 13 which is pictured in the accompanying photograph.

At first the child counts up the two flats, eight longs and six units and gives 286 as the product. However from this rectangular array, the algorithm can be understood by naming the four partial products that correspond to the four separate regions. Since they already know the product is the sum of units in the four regions, it is not necessary to formally name the distributive law. The algorithm becomes a scheme or pattern for making sure the four regions are computed and added. The scheme the author has used with children is a pattern of arrows:

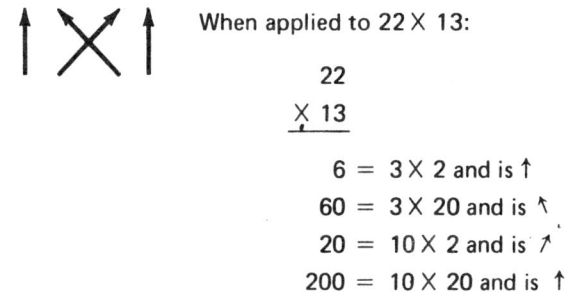

When applied to 22 X 13:

$$\begin{array}{r} 22 \\ \times 13 \\ \hline 6 = 3 \times 2 \text{ and is } \uparrow \\ 60 = 3 \times 20 \text{ and is } \nwarrow \\ 20 = 10 \times 2 \text{ and is } \nearrow \\ 200 = 10 \times 20 \text{ and is } \uparrow \\ \hline 286 \end{array}$$

After a child has learned to build the arrays and find the product by trading and recording, the four partial products can be formalized by asking:

Show me 3 X 2.    Record.

Show me 3 X 20.   Record.

Show me 10 X 2.   Record.

Show me 10 X 20.  Record.

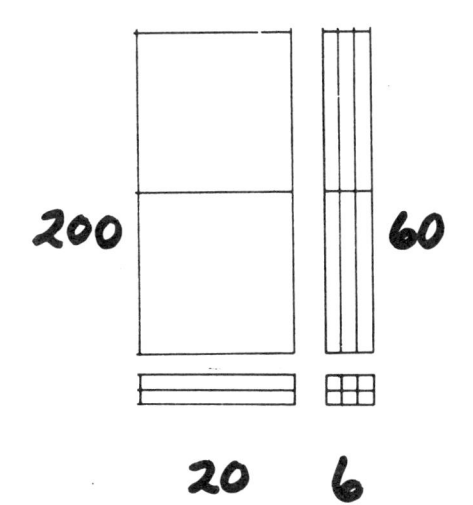

## RECTANGULAR ARRAYS INTERPRET DIVISION, TOO

PREREQUISITE: Rectangular arrays.

MATERIALS: Base ten blocks.

PROCEDURE: The purpose of this activity is to show the relationship between multiplication and division that can be understood from the rectangular array.

1. What is 276 divided by 23?   Take out 276. Build an array 23 wide.

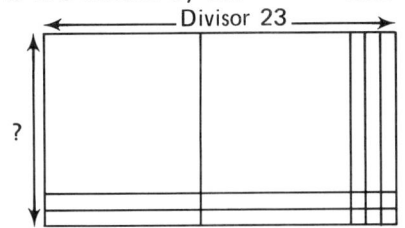

   What is the other dimension?

   It is the quotient.

   **276 ÷ 23 = 12**

The above diagram (and block array built by child) represents both multiplication and division:

| PRODUCT | = | FACTOR | X | FACTOR |
|---|---|---|---|---|
| 276 | | 23 | | 12 |
| DIVIDEND | ÷ | DIVISOR | = | QUOTIENT |

2. Sometimes there is a remainder. What is 272 ÷ 11?

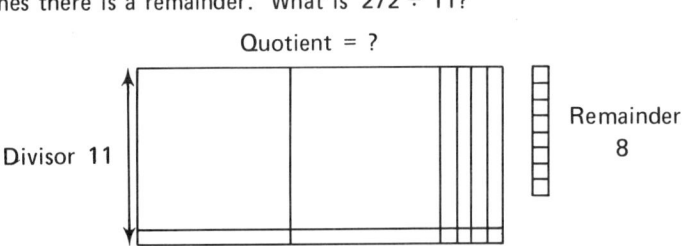

   Quotient = ?
   Divisor 11
   Remainder 8

Either dimension can be the divisor, the other is the quotient. What is left is the remainder.

   **272 ÷ 11 = 24    R = 8**

Solve the following division problems by building arrays with one dimension the divisor.

1. **738 ÷ 23**
2. **149 ÷ 12**
3. **448 ÷ 32**
4. **448 ÷ 31**

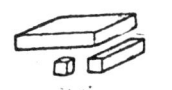

# MULTIPLICATION
Build each problem. Write the partial products.

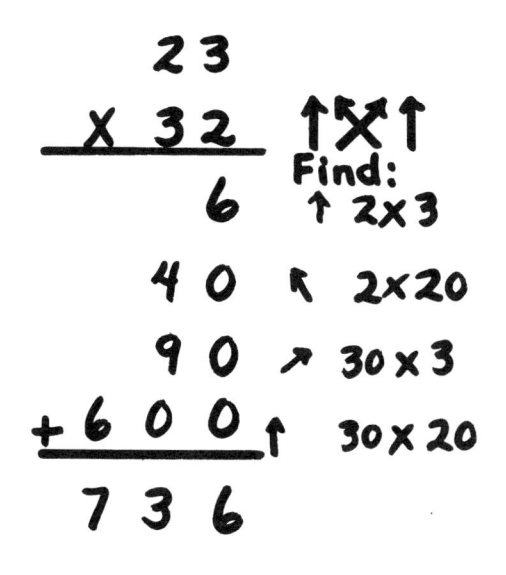

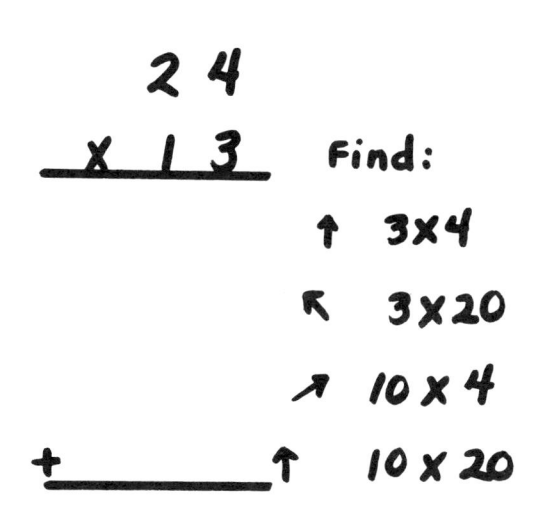

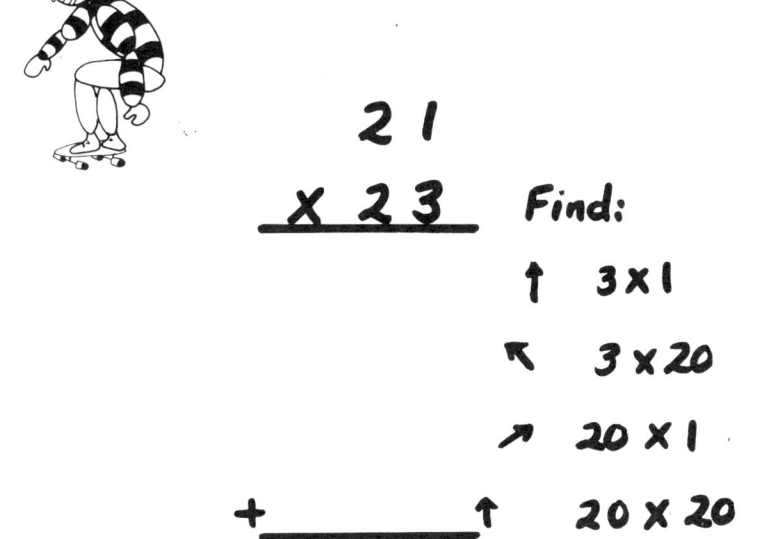

```
    2 3
  x 3 2    ↑✗↑
  ─────    Find:
      6    ↑ 2x3
    4 0    ↖ 2x20
    9 0    ↗ 30x3
  +6 0 0   ↑ 30x20
  ─────
    7 3 6
```

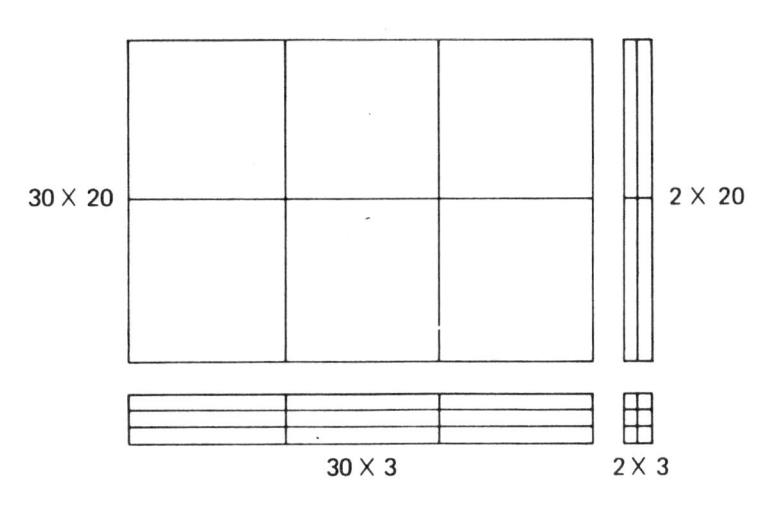

30 X 20    2 X 20

30 X 3    2 X 3

```
    2 4
  x 1 3    Find:
  ─────
           ↑ 3x4
           ↖ 3x20
           ↗ 10x4
  +_____   ↑ 10x20
```

```
    2 1
  x 2 3    Find:
  ─────
           ↑ 3x1
           ↖ 3x20
           ↗ 20x1
  +_____   ↑ 20x20
```

47

# Multiplication
## Writing Partial Products

Use Base 10 blocks. Write four partial products. Add the partial products.

|   | 23 |   |   | 25 |   |   | 33 |
|---|----|---|---|----|---|---|----|
| × | 25 |   | × | 24 |   | × | 34 |

|   | 42 |   |   | 43 |   |   | 42 |
|---|----|---|---|----|---|---|----|
| × | 23 |   | × | 24 |   | × | 34 |

# MULTIPLICATION
## Writing Partial Products

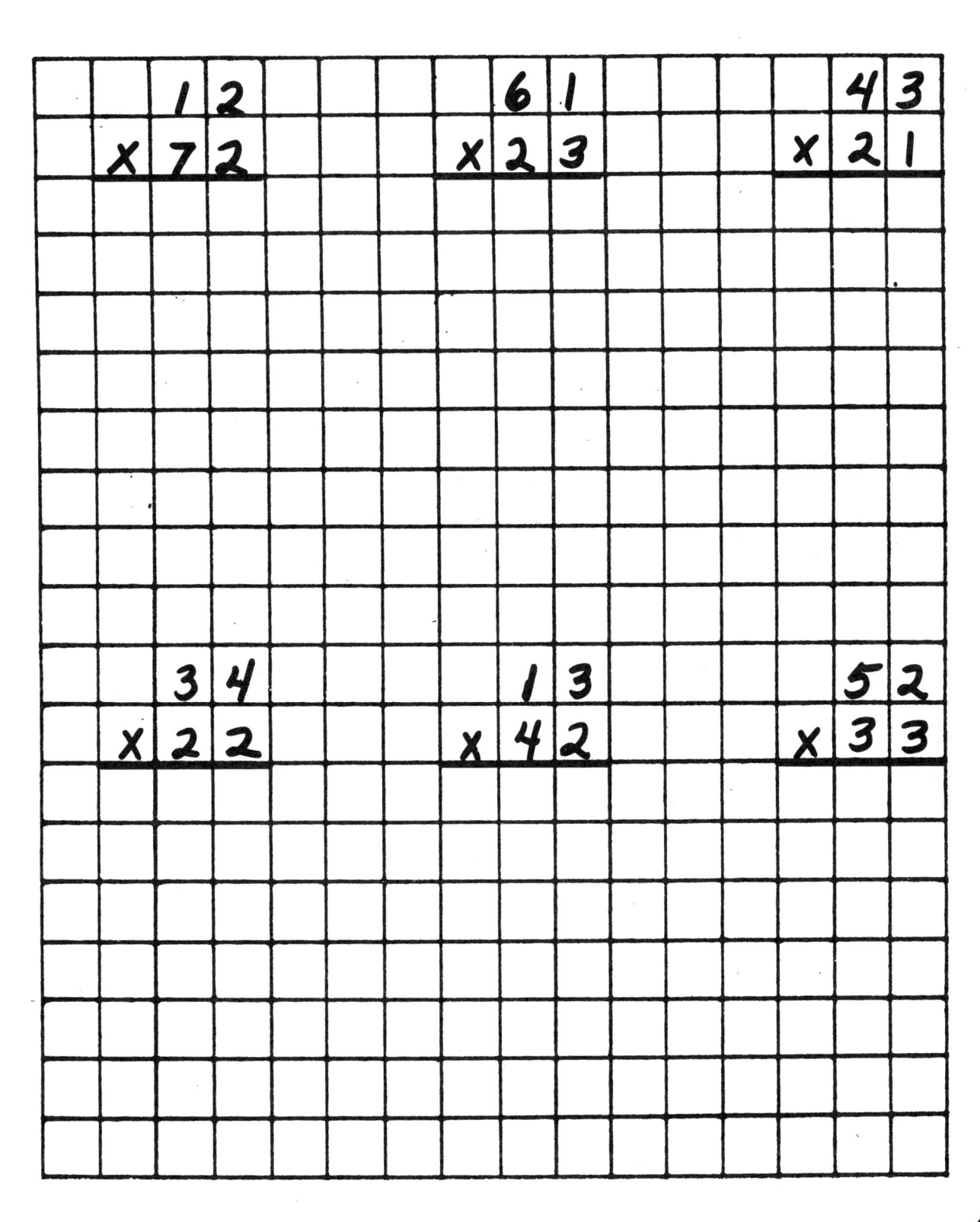

Think Base 10 blocks. Write four partial products. Add the partial products.

```
  12          61          43
x 72        x 23        x 21

  34          13          52
x 22        x 42        x 33
```

49

# TOSS-A-PRODUCT

**OBJECT OF GAME:** To build an array using the greatest number of base ten blocks.

**NUMBER OF PLAYERS:** Two to four.

**METHOD OF PLAY:** In turn each player throws all three dice and takes blocks matching the amounts thrown. Then that player builds an array using the largest number of blocks possible.

At least one 100's block must be used in the array.

For each array built the player lists all the possible multiplication and division sentences.

The score at the end of a play is equal to the number of correct sentences written, times two, plus the number of blocks used, minus the number of blocks <u>not</u> used in building the array.

THE FIRST PLAYER TO REACH 100 POINTS, OR HAS THE HIGHEST SCORE AFTER AN EQUAL NUMBER OF ROUNDS WINS!

**CONSTRUCTION DETAILS:** Make the three dice as shown below. (Write the numerals on peel off labels and stick them on regular dice or wooden cubes.)

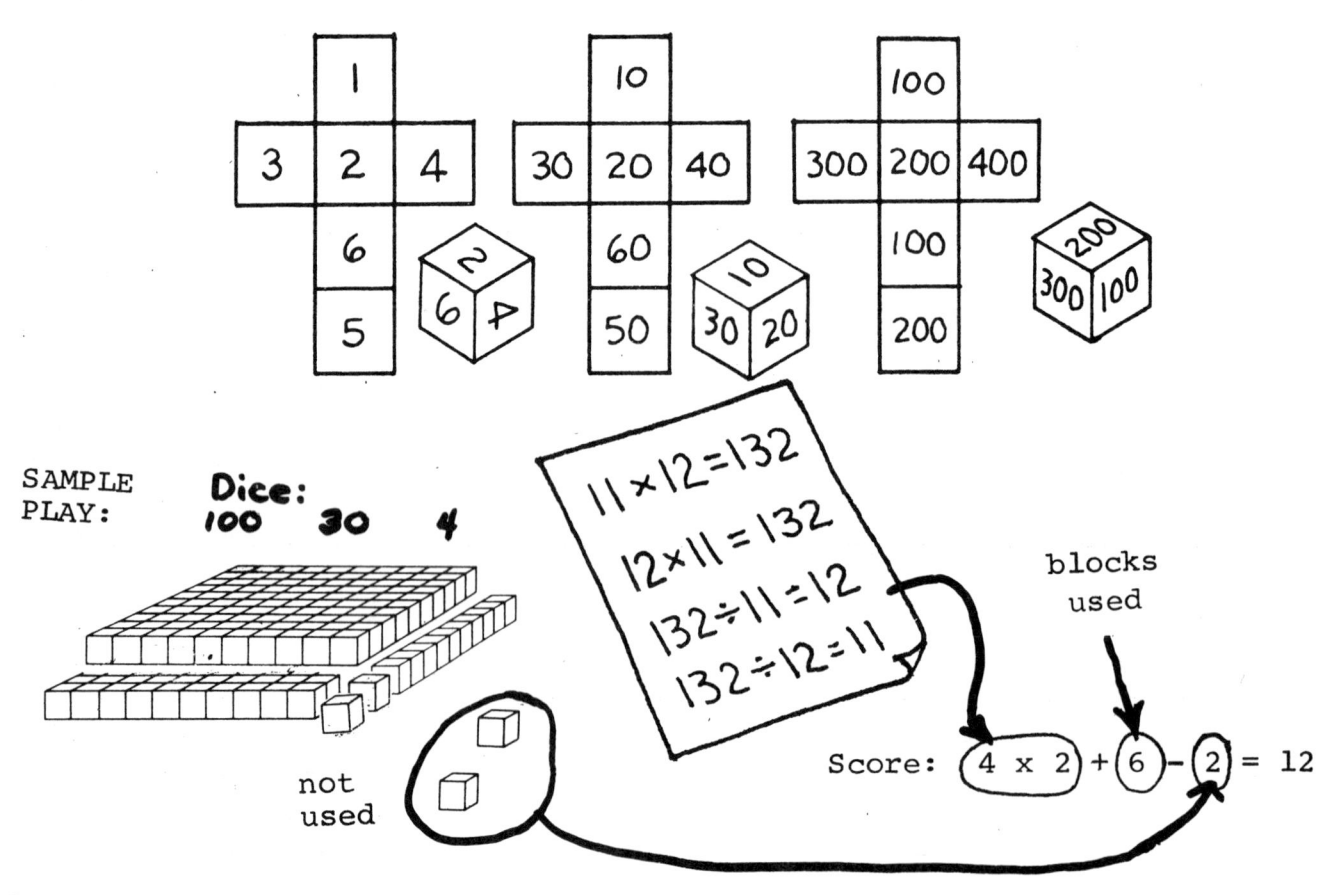

Die 1 faces: 1, 3, 2, 4, 6, 5 (and shown cube: 2, 6, 4)
Die 2 faces: 10, 30, 20, 40, 60, 50 (and shown cube: 10, 30, 20)
Die 3 faces: 100, 300, 200, 400, 100, 200 (and shown cube: 200, 300, 100)

**SAMPLE PLAY:**

Dice: 100    30    4

11 × 12 = 132
12 × 11 = 132
132 ÷ 11 = 12
132 ÷ 12 = 11

not used

blocks used

Score: (4 × 2) + (6) − (2) = 12

50

# Game Sheet

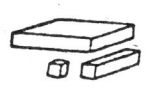

## "Toss A Product"

Sentences × 2     +    Blocks Used − Blocks Leftover = Score

① ___ × ___ = ___
    ___ × ___ = ___
    ___ ÷ ___ = ___
    ___ ÷ ___ = ___    (___ × 2) + ___ − ___ = _____

② ___ × ___ = ___
    ___ × ___ = ___
    ___ ÷ ___ = ___
    ___ ÷ ___ = ___    (___ × 2) + ___ − ___ = _____

③ ___ × ___ = ___
    ___ × ___ = ___
    ___ ÷ ___ = ___
    ___ ÷ ___ = ___    (___ × 2) + ___ − ___ = _____

④ ___ × ___ = ___
    ___ × ___ = ___
    ___ ÷ ___ = ___
    ___ ÷ ___ = ___    (___ × 2) + ___ − ___ = _____

© ACTIVITY RESOURCES COMPANY, INC., Box 4875, Hayward, CA 94545

# MULTIPLICATION
# A Shorter Way

```
       23                              15
      x15      Check by inter-        x23
      ---      changing parts         ---
      115    First multiply by 5       45
     +230    Next multiply by 10     +300
      ---    Add for your answer      ---
      345                             345
```

Multiply and check with this method:

                Check                           Check

```
       34                              26
      x27                             x32
```

                Check                           Check

```
       18                              64
      x65                             x23
```

# MULTIPLICATION
## Z<u>in</u>g - Z<u>on</u>g - Z<u>an</u>g!

To do Zing-Zong-Zang you must:
- Know your X's
- Be able to remember partial products

You can only write the <u>answer</u>!

```
  25
x 43
----
1075
```

**ZING** — Think units ↑ 3×5
Write 5 in the units place
Remember one long.

**ZONG** — Think longs ✗ 3×2 plus 4×5 plus the one long you remembered. 6+20+1=
Write 7 in the longs place. Remember two flats.

**ZANG** — Think flats ↑ 4×2 plus the two flats you remembered.
Write 10 in the flats place.

Try these:

```
  56        92        83
x 78      x 28      x 47
```

# DIRECTIONS

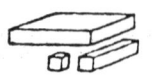

## Toss A Quotient

**Number Of Players:** 2

**Materials:** 2 blank dice (label)  
GAME SHEET  
Table of Multiples

$$\frac{1}{10} \quad \frac{3}{20} \quad \frac{4}{30} \quad \frac{5}{10} \quad \frac{6}{20} \quad \frac{7}{30}$$

## How to Play:

1. Toss both dice. Larger number starts.
2. Player chooses only ONE die to toss/turn.
3. Subtract the number tossed X divisor — Use the Table of Multiples
4. If number to be subtracted is too large player loses turn.
5. Players take turns until Quotient is found.
6. WINNER is first to find quotient and Check It

If an error is made... the other player WINS!

EXAMPLE:

```
       64 R 11
   13)843
      -390    (30 tossed)
       453
      -260    (20 tossed)
       193
       -91    (7 tossed)
       102    (6 tossed)
       -78
        24    (1 tossed)
       -13
        11    64 total of tosses
```

Check

```
    64
   x13
   192
  +640
   832
  + 11 R
   843 ✓
```

54

© ACTIVITY RESOURCES COMPANY, INC., Box 4875, Hayward, CA 94545

# GAME SHEET

## TOSS A QUOTIENT

13)843        Check        17)715

        × _____

        × _____

31)813                     27)923

        × _____

        × _____

# Table of Multiples
## Use with Game: Toss A Quotient

1 x 13 = _____          1 x 17 = _____
2 x 13 = _____          2 x 17 = _____
3 x 13 = _____          3 x 17 = _____
4 x 13 = _____          4 x 17 = _____
5 x 13 = _____          5 x 17 = _____
6 x 13 = _____          6 x 17 = _____
7 x 13 = _____          7 x 17 = _____
8 x 13 = _____          8 x 17 = _____
9 x 13 = _____          9 x 17 = _____

1 x 31 = _____          1 x 27 = _____
2 x 31 = _____          2 x 27 = _____
3 x 31 = _____          3 x 27 = _____
4 x 31 = _____          4 x 27 = _____
5 x 31 = _____          5 x 27 = _____
6 x 31 = _____          6 x 27 = _____
7 x 31 = _____          7 x 27 = _____
8 x 31 = _____          8 x 27 = _____
9 x 31 = _____          9 x 27 = _____

© ACTIVITY RESOURCES COMPANY, INC., Box 4875, Hayward, CA 94545

# MULTIPLICATION

## Multiplication On A Lattice

A lattice keeps numbers in their proper place according to place value.

```
    4 3
  x 2 5
  -----
    1 5
  2 0 0
    6 0
  8 0 0
  -----
  1 0 7 5
```

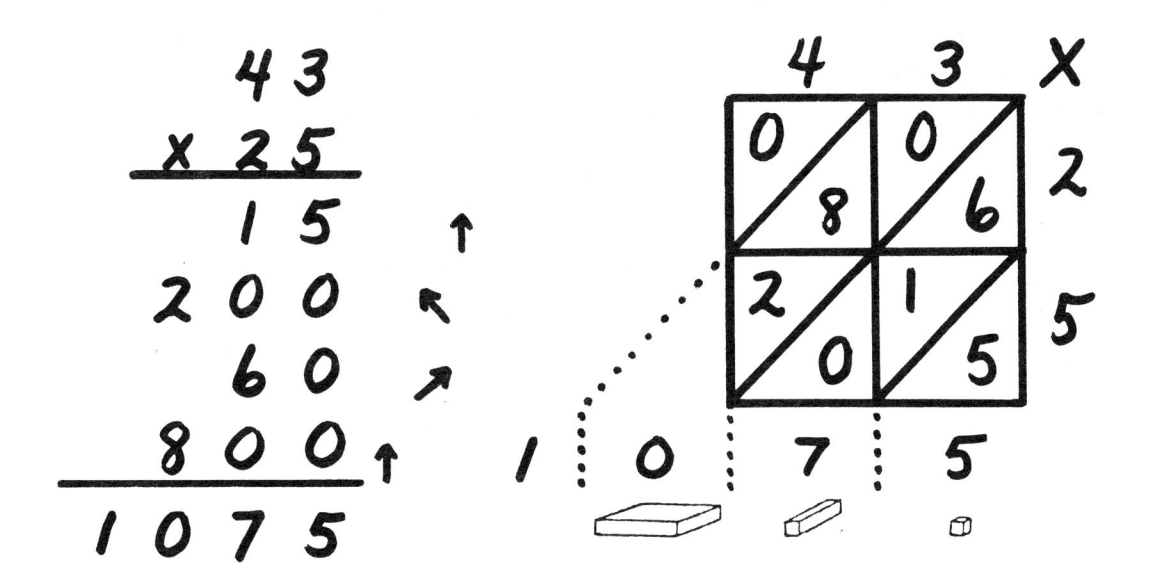

Lattice for 43 × 25 = 1075

Fill in the lattice to solve this problem.

```
    2 7 6
  x   4 3
```

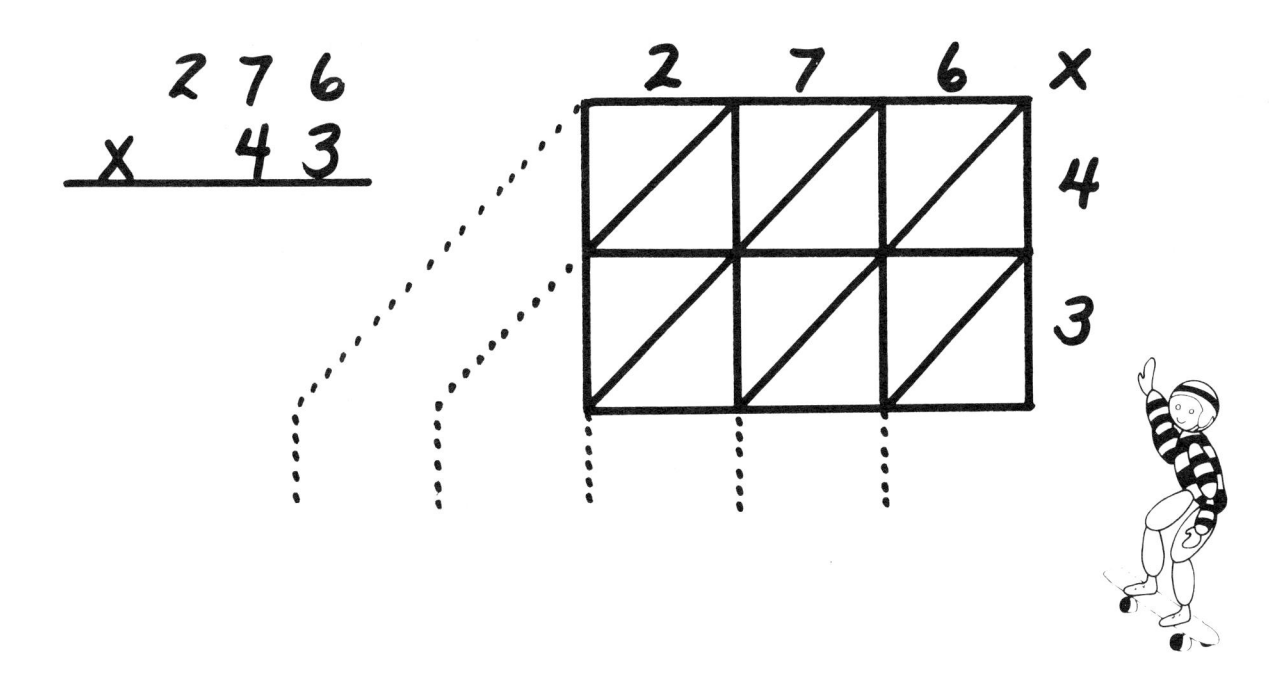

(empty lattice for 276 × 43)

# MULTIPLICATION
## Multiplication On A Lattice

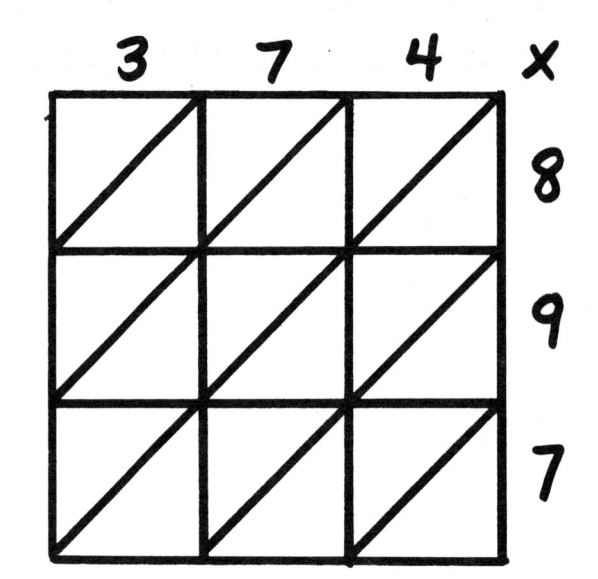

$$\begin{array}{r} 374 \\ \times 897 \\ \hline \end{array}$$

Make your own problem:

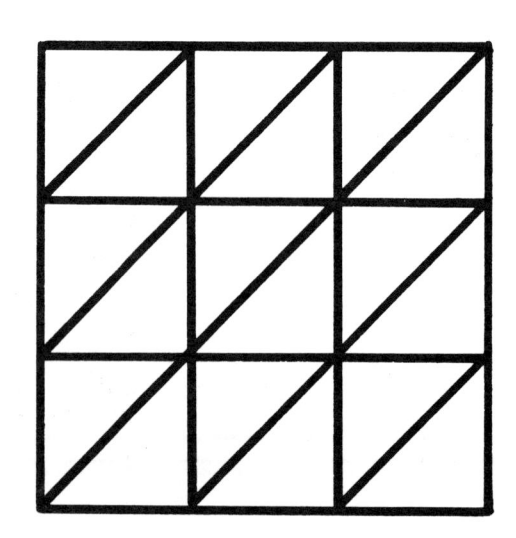

____ x ____

## DIVISION USING MULTIPLES OF 10 AND 100

**PREREQUISITE:** Division by successive subtraction.

**MATERIALS:** Base ten blocks.

**PROCEDURE for PROBLEM:** Measured division.

13)1476  What is 10 × 13?  130

What is 100 × 13?  1300

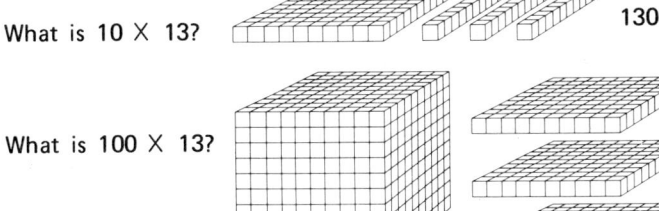

Build:

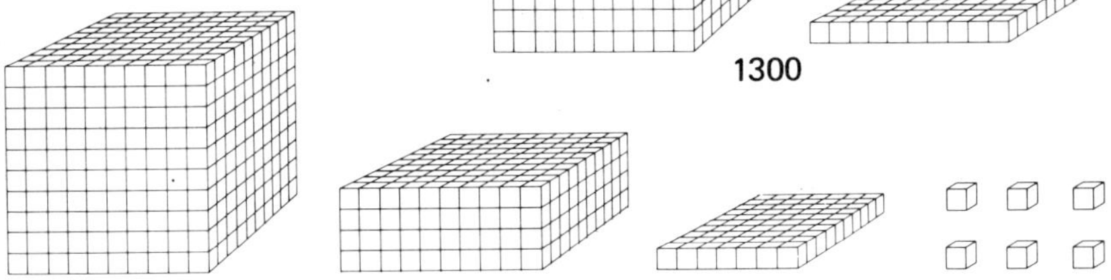

Remove 100 13's

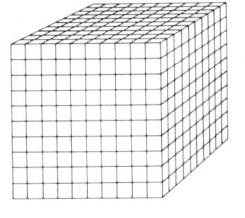

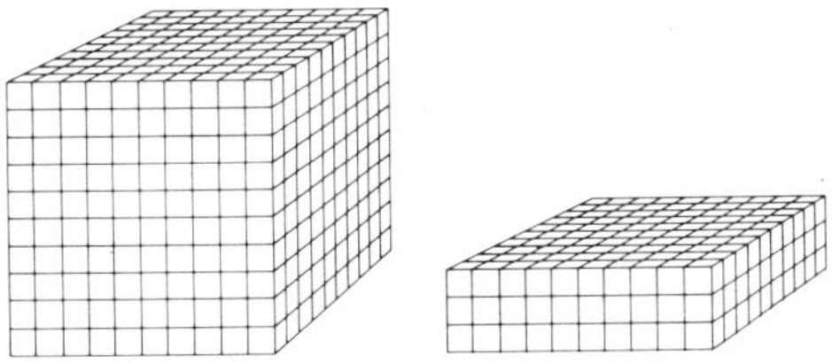

```
        100
13 )1476
   −1300
    176
```

```
     10
    100
13 )1476
   −1300
    176
    130
     46
```
Remove 10 13's

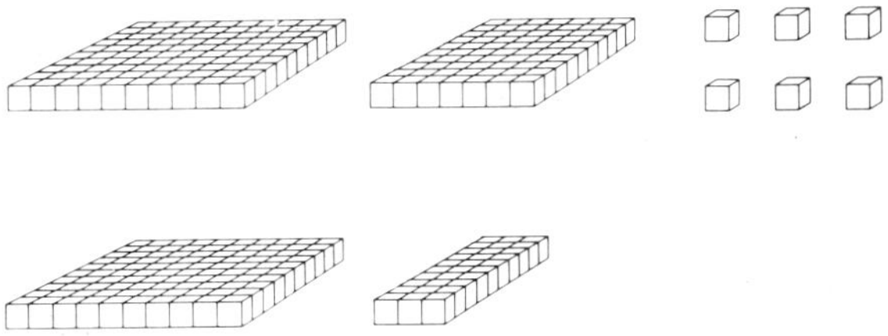

```
      3
     10
    100
13 )1476
   −1300
    176
   − 130
     46
   − 39
      7
```
Remove 3 13's

1 × 13 = 13
2 × 13 = 26
3 × 13 = 39
4 × 13 = 52

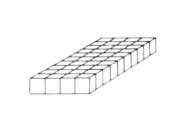

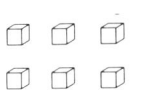

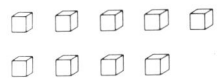

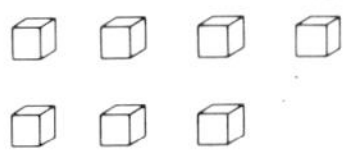

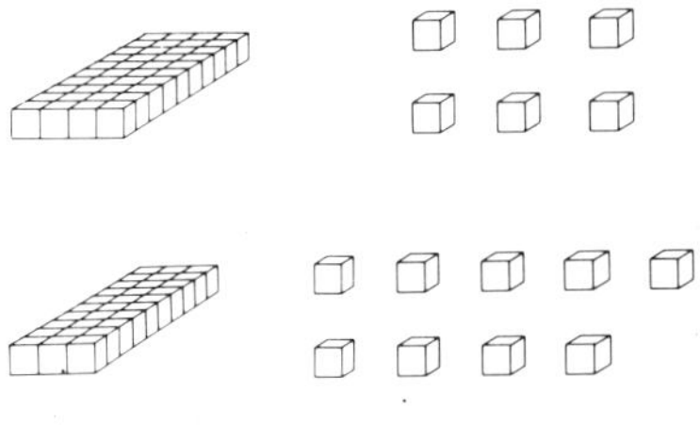

Quotient 113        Remainder 7

59

© ACTIVITY RESOURCES COMPANY, INC., Box 4875, Hayward, CA 94545

# DIVISION

## Learn the "Measure Out" way

Write a table of multiples for the divisor

|   |   |   |   | Think 10x | Think 100x |
|---|---|---|---|---|---|
| 1 × 14 = | 14 | 140 | 1400 |
| 2 × 14 = | __ | _0_ | _00_ |
| 3 × 14 = | __ | _0_ | __ |
| 4 × 14 = | __ | _0_ | __ |
| 5 × 14 = | __ | __ | __ |
| 6 × 14 = | __ | __ | __ |
| 7 × 14 = | __ | __ | __ |
| 8 × 14 = | __ | __ | __ |
| 9 × 14 = | __ | __ | __ |

```
              327 R
        14 ) 4 5 8 6
(300 × 14) - _____
               3 8 6
 (20 × 14) - _____
                1 0 6
  (7 × 14) - _____
327 × 14              R
```

Steps to solve the problem:
1. How many 14's in 4,586?
   Not 3 but 300!
   Take away 300 × 14. Record.
2. How many 14's in 386?
   Not 2 but 20.
   Take away 20 × 14. Record.
3. How many 14's in 106?
   Not 8 but 7.
   Take away 7 × 14. Record.
4. Remainder

Try these problems. Use the table.

14 ) 4053      14 ) 11,524      14 ) 2768

## DIVISION

Learn the "Measure Out" way

Write a table of multiples for the divisor.

$1 \times 47 = 47$

$2 \times 47 = 94$

$3 \times 47 = $      (Add 1x plus 2x)

$4 \times 47 = $      (Double 2x)

$5 \times 47 = $      (Think 10x and use half)

$6 \times 47 = $      (Double 3x)

$7 \times 47 = $      (Add 2x plus 5x)

$8 \times 47 = $      (Double 4x)

$9 \times 47 = $      (Add 4x + 5x)

Use the table to find the quotients. Check.

$47 \overline{)52}$          $47 \overline{)800}$

$47 \overline{)1788}$          $47 \overline{)2182}$

# MULTIPLICATION AND DIVISION

Write a table of multiples for the Divisor. Do the division problems. Check on a lattice.

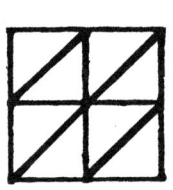

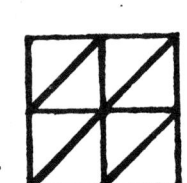

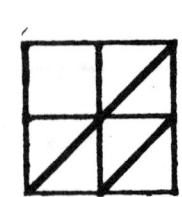

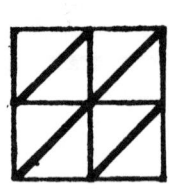

1 x 43 = ____          6 x 43 = ____
2 x 43 = ____          7 x 43 = ____
3 x 43 = ____          8 x 43 = ____
4 x 43 = ____          9 x 43 = ____
5 x 43 = ____

43 ) 1,032             43 ) 903

43 ) 2,236             43 ) 3,096

43 ) 559               43 ) 825

62

# MULTIPLICATION AND DIVISION

Write a table of multiples. Do the division problems. Check on a lattice.

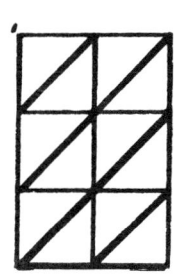

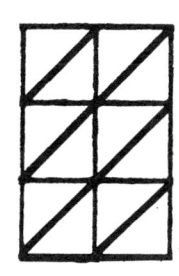

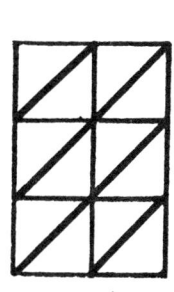

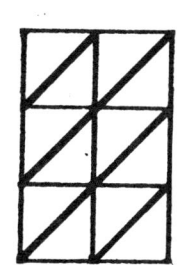

1 X 13 = ___         6 X 13 = ___
2 X 13 = ___         7 X 13 = ___
3 X 13 = ___         8 X 13 = ___
4 X 13 = ___         9 X 13 = ___
5 X 13 = ___

13 ) 2,037

13 ) 8,511

13 ) 11,544

13 ) 9,140

63

# MULTIPLICATION AND DIVISION

Complete the lattice.

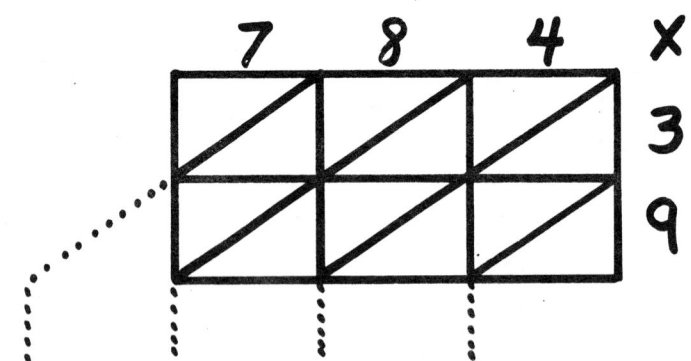

Take the lattice apart to do the division.

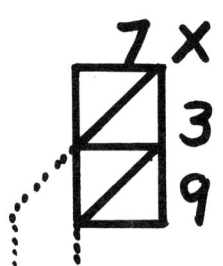

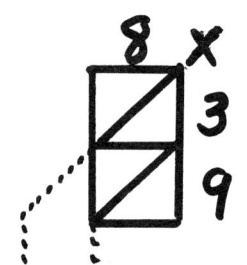

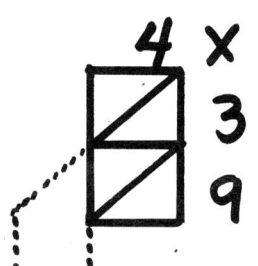

```
      _____
  39 ) 30,576
     - _____     700 × 39

     - _____      80 × 39

     - _____       4 × 39
```